图解

窗帘布艺
设计与制作安装

赵梦 等编著

中国电力出版社
CHINA ELECTRIC POWER PRESS

内 容 提 要

本书以图文并茂与图解的形式向读者展现了窗帘设计制作的基本知识与技能,现场拍摄图片与文字同步讲解。本书主要内容涵盖窗帘的测量、预算、选料、相关制作工具、制作方法、安装方法以及如何选购窗帘等,使读者能够适应窗帘设计与制作的要求,真正达到快学、快用、快上岗,达到就业、创业一本全能通的目的。本书不仅介绍基本窗帘的制作,还讲解了工字褶帘头以及个性化帘头的相关制作工艺。本书适合正在从事或希望从事窗帘布艺的工作人员、承包商以及经销商等阅读和参考,也适合对窗帘布艺感兴趣的自学者、进城务工人员、物业管理者或创业人员阅读,也可供相关学校作为培训教材使用。

图书在版编目(CIP)数据

图解窗帘布艺设计与制作安装 / 赵梦等编著. —北京:中国电力出版社,2018.6
ISBN 978-7-5198-1835-7

Ⅰ. ①图… Ⅱ. ①赵… Ⅲ. ①窗帘-室内装饰设计-图集②窗帘-制作-图集
③窗帘-安装-图集 Ⅳ. ①TU238.2-64②TS941.75-64

中国版本图书馆CIP数据核字(2018)第045596号

出版发行:中国电力出版社
地   址:北京市东城区北京站西街19号(邮政编码100005)
网   址:http://www.cepp.sgcc.com.cn
责任编辑:乐 苑(010-63412380)
责任校对:朱丽芳
装帧设计:唯佳文化
责任印制:杨晓东

印   刷:北京博图彩色印刷有限公司
版   次:2018年6月第一版
印   次:2018年6月北京第一次印刷
开   本:710毫米×1000毫米 16开本
印   张:10.25
字   数:193千字
定   价:58.00元

前 言 Preface

在当今的窗帘布艺市场，成品窗帘的成本比小作坊自己加工的要高出许多，如果小作坊自己加工，利润可以高达100%甚至更高，而窗帘成品利润一般在50%~70%，所以才导致了窗帘布艺市场"伪"品牌的流行。

布艺从简单的窗帘、床上用品、坐垫等单一产品延伸到一个完整的系列。田园风格是布艺窗帘的一大潮流，极其崇尚清新自然主义，大多取自自然的元素，强调从都市回归田园的那种恬静和自在的感觉；传统风格抽象大气，丰富的民族特色以及充满东方意境的民族元素近年来在国际展会上大放异彩；都市成熟风格讲究简单奢华，多层布艺装饰会通过材质的对比，找到一种平衡，摒弃了过于复杂的肌理和装饰，造型线条也更流畅大气。

在本书中，从各方面介绍了窗帘布艺，基本可以算是窗帘百科全书了，具体内容包括窗帘的风格款式，例如田园风格、新中式风格、现代简约风格等；不同风格窗帘的搭配方法；窗帘店样品的相关制作与展示；不同窗型窗帘的测量方法，例如立窗、飘窗、阳光窗等的测量；窗帘款式的具体选择；窗帘用料的计算；窗帘的成本核算；基本窗帘的制作方法，包括穿杆式窗帘、韩折窗帘、卷式窗帘以及褶皱式窗帘的制作；工字褶窗帘头的制作，包括平底水平工字褶帘头、波浪菱形工字褶帘头、波浪工字褶帘头、波浪双层对位帘头的制作方法；个性化帘头的制作方法，包括韩式抽带帘头、抽带水波帘头、正圆水波帘头、镂空水波帘头以及上褶波帘头的制作；窗帘的选购方法；窗帘的安装，例如垂挂窗帘、卷式窗帘的安装等；窗帘布艺的维护与保养。

本书中配有相当丰富的彩图，大家在学习之余也能欣赏，在今后的设计中，窗帘会更多的以绿色环保的新型理念为设计思想，设计出更多节能环保的新型窗饰产品。本书的编写过程中，得到了黄溜、代曦、王志鸿、许洪超、喻欣、张杨巍、谢静、零韶梅、毛颖、张雪灵、马振轩、张锐、马宝怡、赵思茅、杨静、杨红忠、宋晓妹、黄晓锋、胡文秀、李锋、窦真、张心如、汪飞、汪楠、王涛、史凡娟、马文丹、李帅、曹玉红、董文博、祝旭东、张文轩、汤留泉的帮助，在此表示感谢。

编者

目 录

Chapter 5

Chapter 6

Chapter 7

Chapter 8

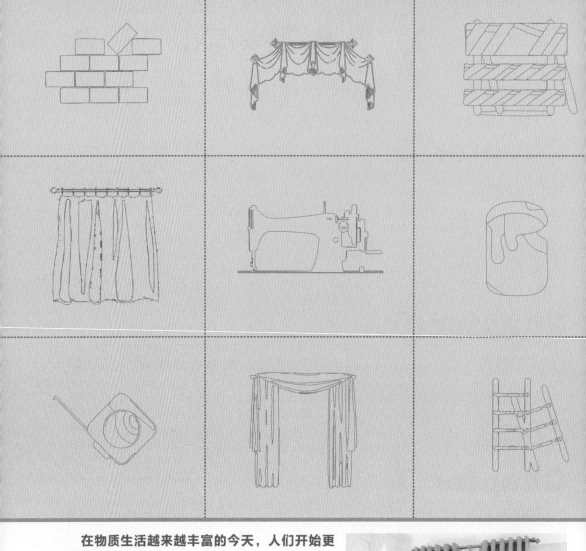

在物质生活越来越丰富的今天，人们开始更多地关注于精神需求的层面。在装修领域，软装越来越受到业主的重视，而作为软装项目中颇为重要的窗帘已经不仅在于遮阳的作用，更多的是运用不同的窗帘材质来创造不同的家居氛围，给人一个全新的感受。

Chapter

认识窗帘布艺

识读难度：★★☆☆☆

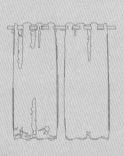

1.1 真正意义上的窗帘布艺

　　谈到"窗帘"，我们自然而然就会想到家居中各式各样的布质窗帘，其实在古时候也有窗帘这个概念，只不过因布料相对较昂贵，人们一般用纸或者草、竹遮盖在窗户上，来将其作为窗帘，而这种窗帘仅能起到遮阳挡风的作用。

　　随着现代科技的飞速发展，制作窗帘帘布的材质有了质的突破，出现了很多以铝合金、木片、无纺布、印花布、染色布、色织布、提花印布、广告布等制作而成的简约风格窗帘，还有各类具备阻燃、节能、吸音、隔音、抗菌、防霉、防尘、防水、防油、防污、防静电、报警、照明等不同功能的窗帘，意味着窗帘布艺已进入新的发展时期。

→竹质的窗帘质量较重，和纸质的窗帘相比寿命较长，但美观性不佳，安装在窗户外的竹质窗帘长时间经受雨水的冲刷，容易被腐蚀。

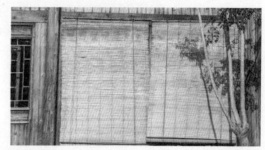

↑真丝窗帘具有较好的防紫外线功能，而紫外线对人体皮肤是十分有害的，在日光照射下，真丝窗帘容易泛黄，在使用中要注意经常保养。

↑阻燃窗帘是用阻燃面料制作的窗帘，具有阻燃功能，可以达到防火减灾的功效。

窗帘布料不同，具备的特点也不同，大家可以根据部分窗帘布艺分类表来进行查阅，选择适合自己的窗帘。

名称	概　念	特　点
印花布	在素色胚布上用转移或圆网的方式印上色彩、图案的称之为印花布	色彩艳丽，图案丰富、细腻
染色布	在白色胚布上染上单一的颜色称之为染色布	颜色素雅、自然
色织布	根据图案需要，先把纱布分类染色，再经交织拼接成色彩图案的称之为色织布	色牢度强，色织纹路鲜明，温馨感强
提花印布	把提花和印花两种工艺结合在一起的称之为提花印布	提花效果显著，色彩丰富柔和，质量较好
遮阳布	遮阳布一般用来遮盖物品，起到避免与强光接触的作用	冬日隔寒，夏日隔热，同时具备很好的私密性

部分窗帘布艺分类

由于消费者审美观念的转变以及环保意识的逐渐加强，窗帘在某种程度上也反映了使用者的生活品味和情趣，一款落落大方、简约高雅的窗帘，不仅可以为居室锦上添花，也能放松心情，缓解焦躁感。除了装饰功能外，窗帘的材质、其他功能、舒适度也与我们的健康、生活息息相关，因此隔热保温窗帘、防紫外线窗帘与现代简约窗帘深受消费者喜爱。

↑素雅的窗帘更容易使人沉静下来，白纱与柔软棉布相结合的窗帘可以很好地防紫外线，同时也不会显得室内沉闷。

↑现代简约风格的窗帘可以很好地适应这个快节奏的时代，既时尚也能很好地保温。

要深刻地了解窗帘布艺，首先要对窗帘的功能有一个清楚的认识，根据不同的功能需要才能更好地进行窗帘材质的选择以及窗帘样式的设计。

1. 具备保护隐私的功能

对于不同的室内区域，隐私的关注程度也会不同。客厅属于公共活动区域，私密性要求比较低，人们大部分都是把客厅窗帘拉开，客厅窗帘更多的是具备装饰功能；而卧室、洗手间等区域，属于比较私密的区域，人们对隐私的要求非常高，客厅建议选择富有装饰性的窗帘，而卧室则可以选用较厚质布料的窗帘。

2. 具备装饰功能

现在很多家庭都会选择现代简约风格来进行住宅的装修，对于四面洁白的墙面而言，漂亮的窗帘可以起到点睛之笔的作用，同样，对于精装修的住宅而言，合适的窗帘也会使得家居更漂亮更有个性。

3. 具备吸音降噪的功能

声波是直线传播的，而玻璃窗户对于声波的反射率是很高的。所以，如果安装适当厚度的窗帘，就可以改善室内音响的混响效果，同样，质地比较厚重的窗帘也有利于吸收部分来自外面的噪声，改善室内的声音环境，像书房、卧室、儿童房等需要一个比较安静的环境，窗帘就可以选择质地比较厚重的。

4. 具备阻燃抗菌的功能

儿童房是特别需要抗菌和阻燃的，在选用窗帘时要选择用阻燃材料制作的窗帘，并要确保其制作成品符合国家阻燃标准以及环保要求。

↑卫生间会更多的选择铝百叶帘，它易于清洗，放卷便利，同时兼具隔热、防水、防腐、防紫外线、透气等功能。

↑客厅活动人员多，光线要比较足，窗帘一般处于开启状态，窗帘的色彩与整体装修风格相一致，也能带来另一番视觉美感。

1.2 窗帘的风格款式

　　住宅装修的风格有很多种，窗帘与空间风格密切相关，不同的家居风格，依据其具备的功能不同，款式也是千变万化的。不同住宅的装修风格决定了窗帘所要选择的不同风格，偶尔的小混搭也会给整体住宅空间带来不一样的视觉享受。窗帘的风格随着时代的发展在不断增多，下面是几种主要的风格。

1. 现代简约风格

　　现代简约风格的窗帘设计造型简单，以功能性和简约的装饰性为主，主张简洁、实用，这种风格的窗帘极具现代气息，具备独特的个性，主体色调以白色为主，深色或其他自然色系为辅。窗帘的款式一般也不会很复杂，主要用彩色或银色鸡眼、包扣、直线形的包边或是简单的布料来进行拼接工艺。

2. 地中海风格

　　地中海风格的窗帘设计讲究与自然相结合，给人以清新感，主体色调以蓝色为主，其他浅色相似色调为辅，主要体现的是一种海天一色、艳阳高照的纯美自然感，在选择原料布时通常选用质地较轻薄的纱质或麻质布料。

↑不同颜色、材质的窗帘混搭在一起，既缓解了多层窗帘的沉闷感，也使窗帘整体更有层次感。

↑涤纶面料制作而成的窗帘色泽鲜明，不褪色，耐水性强，同时也具备耐刮划，不缩水的特点。

图解小贴士

　　窗帘的面料质地有纯棉、麻、涤纶、真丝等，也可以利用这几种面料进行混织。棉质面料质地柔软、手感好；麻质面料垂感好，纹理感强；真丝面料高贵、华丽、飘逸、层次感强。

↑现代简约风格的窗帘主要追求一种对比强烈的视觉效果，在设计时会出现一两个非常明亮的点缀色来突出亮丽的色调，使之形成细节醒目、总体和谐的特色。

↑地中海风格的窗帘主要的色调以蓝色、白色、黄色为主，这种色调会使整体住宅空间更明亮清新。

3. 美式田园风格

　　美式田园风格的窗帘设计主要以花卉图案为主，属于亲近自然系列，以自然色调为主色调（淡雅的板岩色和古董白居多，也有些会使用酒红色和墨绿色）制作窗帘的原料布多选用有着舒适手感和良好透气性的棉麻材质布料。美式田园风格更多的是体现一种务实、规范、成熟的特点，在一定程度上它可以体现居住者的品味、爱好以及居住者的生活价值观，白领人士更喜欢选择这种风格的窗帘。

↑美式田园风格的窗帘设计线条比较简单、随意，但很注重干净和干练感，样式很适合打理，很符合现代人日常生活的使用。

↑美式田园风格的窗帘原料布的选材范围也很广泛，像印花布、手工纺织的尼料、麻织物等都在其选择范围内。

4. 欧式风格

欧式风格的窗帘设计比较有突破性，它主要以浓烈的色彩来凸显整体住宅空间的华丽与奢华，以偏深色系为主色调，在设计时也会用蕾丝、金线或者金边来进行窗帘的局部修饰。

5. 韩式风格

韩式风格的窗帘设计一般会选择比较含蓄淡雅的色调，例如粉色、咖啡色以及米色、白色在韩式风格的窗帘中也会有使用，由于地域和生活习惯的原因，韩式风格的窗帘很好地传递了韩国的特色，在设计窗帘时也会选用小碎花图案。

6. 新中式风格

新中式风格的窗帘设计会更多地利用后现代手法来表现古典与现代相结合的特点，新中式风格窗帘主要会用比较素净的颜色，所选择的颜色仍然会体现着中式的古朴。这种新中式风格的窗帘会使整个住宅空间显得更时代化，在传统中透着现代，现代中又揉合了古典，我们可以通过其材质、线条、色彩的搭配来进行对窗帘的选择。

7. 日式风格

日式风格的窗帘设计创意普遍来源于大自然，在选择窗帘的原料布时更多的会注意其材质的自然质感，线条设计比较清晰，透露出一种优雅的气息，在设计时，会在窗帘的局部区域加以小碎花点缀，使得整体窗帘设计不至于太过死板。日式风格的窗帘设计比较偏东南亚风格，因而会更多的采用方格布艺来表现窗帘的清新与创意感，其发展至今，也在原有的基础上与其他风格有所结合。

↑欧式风格的窗帘款式比较复杂，主要体现一种雍容华贵的奢侈感，同时利用色彩的渲染，窗帘整体也会给人一种浪漫的感觉。

↑韩式风格的小碎花窗帘可以很好地打破色彩的单调感，给整体住宅空间带来一抹新鲜气息，也会使整体住宅空间显得比较温馨。

↑新中式风格的窗帘对材质要求比较高，细腻的材质会使整个空间充满古典的氛围，同时又不脱离时代的轨道，很符合居住的要求。

↑日式风格的窗帘秉承日本传统美学，在设计时会主要表现素材的过滤空间效果，这种过滤的空间效果会给人一种冷静的、光滑的视觉感。

了解清楚窗帘的不同风格，对于窗帘的不同款式也应该有系统了解。

◆（1）按结构划分。窗帘按照结构可以分为简易式窗帘、导轨式窗帘和盒式窗帘三种，其中导轨式窗帘使用频率较高，盒式窗帘适合层高比较大的空间。

◆（2）按采光划分。窗帘按照采光可以分为透光窗帘、半透光窗帘以及不透光窗帘三种，在选购时除了看个人喜好外，还要考虑使用空间，例如卧室适合选用不透光窗帘，这是为了保证能够达到优质的睡眠质量。

↑导轨式窗帘使用方便，也不易损坏，整体装饰效果比较好，轨道选择样式也很丰富。

↑双层纱帘在具备透光性的同时还兼具保护隐私的功能，纱帘自带美感，装饰性很强。

◆（3）按形式划分。窗帘按照形式可以分为普通帘、升降帘和罗马杆窗帘三种。普通帘适用于盒式窗帘，可以配备帘眉，隐蔽轨道；升降帘可以根据光线的强弱来调节窗帘的升降；罗马杆窗帘装饰性比较强，一般安装在没有窗盒的窗户上。

◆（4）按长度划分。窗帘按照长度可以分为落地窗帘、飘窗窗帘、半截窗帘和高帘四种。落地窗帘一般用在客厅，安装在落地玻璃的大窗户上；飘窗窗帘属于港式造型，适用窗台较宽的窗户；半截窗帘一般根据窗型设计，窗帘下摆超过窗台30cm左右又不会触碰到地面为佳；高帘则适用于3m以上的高层高空间的窗户。

除此之外按照功能窗帘还能分为隔热保温窗帘、防紫外线窗帘、单向透视窗帘、卷帘、遮阳帘、隔音帘等。

↑罗马杆窗帘样式美观，安装比较简单，实用性较强，用于落地窗，会显得比较气派；对于面积较小的房间，尽量不选择较大的罗马杆窗帘。

↑单向透视窗帘对可见光具有很高的反射率，适用于家居卧室、洗手间以及大型会议室等对隐私性有一定要求的区域。

图解小贴士

选购卧室窗帘时，风格要根据装修的风格来定。由于卧室对隐私性要求很高，在选择窗帘时应选择厚实，颜色略深，遮光性强的窗帘；同时为了保证睡眠的质量，卧室窗帘还应具备吸音防噪的功能，建议选择质地以植绒、棉、麻为主的窗帘。

除此之外，要保证睡眠质量达到优质的状态，卧室应该处于一个温和、闲适、愉悦、宁静的氛围，因此卧室窗帘宜选用比较素雅的颜色，这样会显得比较"静"，例如米灰色、淡蓝色等都可以列入选择之中，但是像纯红、橘红、柠檬黄、草绿等颜色会过于亮丽，属于兴奋型颜色，不建议作为卧室窗帘的备选颜色。

1.3 窗帘布艺搭配方法

　　窗帘在家居软装中可以说是最后一项了，因为窗帘在家居软装中属于附属装饰品，需要在确定了装饰风格、家具款式与颜色后再以此作为参照物来选择的，因此不同的装饰风格决定了窗帘布艺不同的搭配要求。

1. 现代简约风格窗帘搭配

　　现代简约的装饰风格比较重视室内空间的使用效能，主张废弃多余的、烦琐的装饰，使室内景观显得简洁、明快，因此在进行窗帘搭配时尽量不要掺加多余的小配饰，在款式方面，窗帘建议选择双层落地、满墙的形式，这样在视觉上可以起到拉伸空间的作用，也会显得更为大气；建议选择纯棉布、麻、丝这样材质的布料，可以给人一种时尚、简单、大气的感觉。

2. 地中海风格窗帘搭配

　　地中海装饰风格主要有3种典型的标准色系，即蓝与白，黄、蓝紫与绿的明亮组合以及浓厚的土黄、红褐色调，我们在进行窗帘搭配时要以这3种色系为标准，例如我们可以选择天蓝色或者大海色的窗帘配以亮色的小窗帘穗，既能起到综合色系的作用，也能很好地装饰我们的住宅空间。

　　我们可以依据家具的颜色，选择与家具成对比色或者相似色的窗帘来进行搭配，但要注意对比色不能过重，要明确窗帘是起辅助搭配的作用。另外地中海装饰风格比较偏自然化，窗帘绑带我们可以选择带有自然元素的蝴蝶结绑带。

↑现代简约的装饰风格可以选择固定式绑带的窗帘，比较简洁，也具有一定的装饰性，可以随意搭配与之配套的绑带。

↑现代简约的装饰风格可以选择带帘头的窗帘，这种帘头的装饰效果很好，可以遮挡比较粗糙的窗帘轨道以及窗帘顶部的空当，显得室内漂亮。

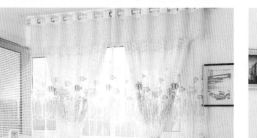

↑地中海装饰风格可以选择纱质的窗帘，窗帘上绘以海洋图案，给人一种海风迎面吹拂的感觉，纱质的窗帘质地较轻，体现一种较清新的感觉。

↑单一的蓝色窗帘可能会显得地中海装饰风格太重，其实可以选择蓝色配以白色来进行色彩的中和。

3. 美式田园风格窗帘搭配

　　美式田园装饰风格所选用的都是自然元素，小碎花等布艺在其设计中都会运用到，因此美式田园风格的窗帘在搭配时也要和它的风格特色相结合。美式田园装饰风格充满着梦幻色彩，其家居窗帘通常以小碎花为主，装饰性的窗幔或蝴蝶结为辅。

4. 欧式风格窗帘搭配

　　欧式装饰风格比较讲究，与家居搭配的窗帘要精致、考究、华丽、富贵。金、银、灰这几色都可作为选择，黄、绿，蓝、白，以及统一色也在其设计范围内，另外面料可以选择丝绒或者真丝提花，还可以配以窗幔和流苏来体现欧式风格的华美。

↑美式田园风格的窗帘还可以选择同色系格子布或者是素布与小碎花相搭配，会更有浪漫情怀。

↑欧式风格的窗帘更多地配以细致的雕花和橘色、蓝色的色彩搭配来体现时代感和科技感。

5. 韩式风格窗帘搭配

韩式风格的窗帘设计在于它属于自然褶，而不是传统意义上用大环一折一折地折出来的褶。在布料的选择上主要有棉质的、棉麻质的和纯麻的，其中化纤的垂感最好，看起来最美观，在色彩的搭配上，普遍以纯色为主，也可以搭配浅色系的小碎花来作为点缀。

6. 新中式风格窗帘搭配

新中式风格的家居色调多为朱红、紫檀、浅米色、咖啡色，窗帘的色彩也应融于家居整体，可以不一致，但要相互呼应。面料宜选用具有浓郁中国风的丝、绸、锻，适当选择一些创意感十足的软装配饰等，颜色的运用也可以大胆一些，空间内窗帘也可以选择百搭的灰色，稳重简约。窗帘的颜色要与软装的整体色调一致，要与家具在深浅上有一个色调的对比，能够互相中和，可以搭配有纹饰的窗帘来体现中式元素。

↑韩式风格的纯色窗帘配以蕾丝下摆，既缓解了色系的单一感，也让整体空间层次更丰富。

↑新中式风格的窗帘可以选用大红色的落地窗帘，能够为整个相对空旷的空间增添一抹亮色。

7. 日式风格窗帘搭配

日式风格的窗帘还是沿袭其一贯的特色，建议选择颜色比较素雅洁净的，由于日式装饰风格讲究简洁、明快，窗帘的选择也应该体现这一点，窗帘的原料布可以选择纯棉布、麻、丝等类似的材质，以保证窗帘可以自然垂地，不破坏整体空间的柔和感。

虽然日式风格的家居不论是家具还是主材都要讲究凸显质感，但窗帘的颜色绝对不能选择太过花哨的色系，因为一旦颜色和图案花哨，窗帘就会变得不伦不类，直接失去了日式风格的感觉。如果觉得单层窗帘比较单调，可以在里层再搭配一个相似色系或者对比色系的纱帘，但同样要注意，对比色系的颜色不宜过重，以免盖住了原本日式风格的窗帘所该有的颜色，破坏了其整体统一感。

←日式风格的窗帘在搭配时要以整体空间为主，素色的窗帘一定程度上可以体现其风格中的"禅学"思想，窗帘绑带可以运用其他材质，形成一种拼接，也会形成另一种美感。

　　装饰风格的不同造就了窗帘搭配的不同，此外，使用功能的不同、窗户类型的不同以及使用者爱好的不同等也会使窗帘布艺的搭配有所变化。

不同情况下的窗帘布艺搭配

具体情况		搭配方式
窗户方向不同	东窗	搭配淡雅色调并具有柔和质感的垂直帘
	南窗	搭配遮光帘，也可以与纱帘搭配使用
	西窗	搭配百叶帘、风琴帘、百褶帘、木帘以及经过特殊处理的偏深色系的布艺窗帘
	北窗	搭配布质垂直帘或者薄一点的透光风琴帘、卷帘，忌用质地厚重的深色窗帘
空间范围不同	大面积空间	搭配有助于减轻空旷感的深色系窗帘，并配合醒目活泼的、令空间收缩的大型图案，可以选用大幕帘或掀帘
	小面积空间	可以搭配颜色艳丽拥有单纯几何图案的窗帘，但不要整体都是很跳跃的颜色，还要选用纯色系的窗帘来进行平衡，使空间不至于显得太过狭小

其他：窗帘的颜色要和房间的色彩协调，窗帘的色彩就要比墙面的深一些，例如鹅黄色的墙面，窗帘可选用浅棕色或深黄色；白色的窗帘配任何墙面都比较统一协调。

1.4 样品制作与布置

要开好一家窗帘店，除了销售方面要有所创新外，大样制作得是否精良也很重要，毕竟消费者来到窗帘店，首先就会看到窗帘样品，窗帘样品要足够吸引人，有足够的视觉冲力，才会有更多人驻足观赏，直至购买成功。

↑窗帘店的装修要重点将窗帘的特点和美展现出来，可以用灯光或者小配饰来凸显窗帘的风格特色。

↑每一个风格的窗帘都应配备有样品，样品要重点突出风格的特点，可以拍照做成手册供消费者使用。

↑样品设计和制作都要精美，窗帘店里的大样设计应该要耐看、方便制作、适合大小窗型，其中迷你样品，更具创意。

窗帘样品既要考虑漂亮，还要方便制作，造价也不能过高，窗帘样品应该依据风格设计不同款式，并结合当下时代特点。大样的大小一般是宽1.5m，如果太宽，会使空间显得压抑，这样就必须减少挂件的数量，高度通常为2.8m，与普通窗户的高度基本一致。欧式风格的窗帘样品还可以做到3m高，这样会凸显欧式风格窗帘的修长与美观。窗帘样品的用料要将帘身宽度控制在4～6m之间，这样的用料比较适合1～3m宽的窗户，即使后期大样要重新再设计，也会比较容易处理，而且现在的窗户的宽度大部分也都是在这个区间。

制作窗帘样品不能图简单省事，如果窗帘全部都做成穿杆的，会使窗帘失去特色，窗帘店的竞争力也会差于其他商家。我们应该多设计几款窗帘，即使窗帘的布料很便宜，只要工艺精湛，款式新颖，一样可以很漂亮，这样也能吸引更多的消费者，还能体现出店主的专业性，促成更多的订单，一箭双雕。

图解小贴士

制作窗帘样品还有一点是要充分体现不同材质的不同质感，对于每一款窗帘所代表的风格、价格、面料特色、适合使用的空间等都要以小卡片的形式做一个详细的说明。

在窗帘样品布置方面，窗帘样品一定要配以合适的灯光，例如浅色的窗帘，尽量选择用暖光灯来照射，还可以配合帘头和装饰品来增强产品的丰富效果，另外窗帘店的灯光建议以暖色调为主，少量冷色调为辅，这样营造的空间氛围比较适合消费者进行美好事物的欣赏与选择。

↑在窗帘样品色彩比较多的，可以按照光谱顺序进行排列，对于白、黑等明亮度高的颜色可以排在左侧，会给人一种亲切感。

↑不同色系的窗帘在陈列时尽量避免强烈的色系对比搭配，要注重冷暖色调的归类，可以用中性色过度冷暖色调。

窗帘作为一种商品，在进行窗帘布置时可以按照商品性质的不同，依据区域划分的方法来进行陈列，并每隔2～3个月重新进行陈列。

◆（1）按照风格陈列。依据窗帘的风格进行区域化的陈列，有利于消费者选择，还可以进行有机组合陈列，搭配适量的小饰品来对窗帘做一些点缀。

◆（2）多样化陈列。可以依据款式的不同将窗帘划分到不同的区域，还可以依据不同色系划分窗帘，这样不仅使窗帘丰富化，也能方便整理。

←窗帘样品在布置时不要主观要客观，不能以个人喜好陈列窗帘样品，要综合考虑。

　　在装饰装修过程中无论是柜子的设计还是后期各类家电的安装，数据都起着至关重要的作用，窗帘测量是否准确决定其是否能安装成功，甚至还影响到整体空间的统一性，窗帘的选料以及款式的选择也对最后的装修预算有着很大的影响。对于不同的窗型，窗帘的用布量也会有所不同；针对不同的用途，窗帘的材质也会有所变化。

Chapter 2
测量、选料、预算

识读难度：★★★☆☆

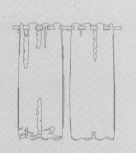

2.1 精确测量方法

对于不同类型的窗户以及不同款式的窗帘，测量的要求是不一样的，不同的测量方法，最后得出的窗帘用布量也会有所不同。窗帘布艺是体现每个家庭韵味之所在，它体现了主人的生活品味，在网上选择或实体店购置，都需要对使用的窗帘进行准确测量。

1. 立窗窗帘测量方法

立窗是建筑空间中最常见的窗户，它通常只有一面玻璃或两面玻璃，窗帘选择带有帘头的，可以丰富视觉效果，不论是满墙窗帘还是非满墙窗帘，高度都要大于窗户高度。

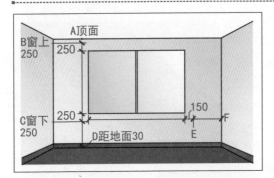

↑满墙窗帘，测量高度从A点量至D点，非落地从A点量至C点；侧装落地从B点从B点量至D点，非落地从B点量至C点；宽度是落墙宽度。

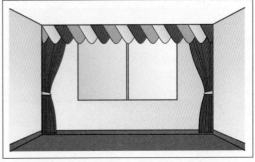

↑通过立窗顶装满墙落地安装效果图可以看出安装窗帘后的效果，后期可根据此图选购窗帘。

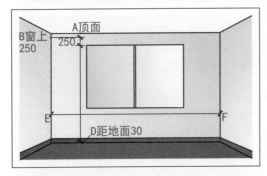

↑立窗侧装满墙落地窗帘，高度测量是从窗户向上250mm处（B点）量至离地板30mm处（D点），宽度则是整面墙的宽度（即从E点量至F点）。

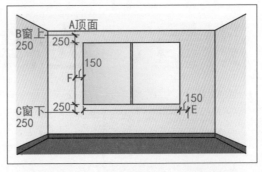

↑立窗非满墙、非落地侧装窗帘，高度测量是从窗户向上250mm处（B点）量至窗户底边向下250mm处（C点），宽度是窗宽加上150mm。

2. 飘窗窗帘的测量方法

　　飘窗一般呈矩形，有的飘窗也会向室外凸出，室内的飘窗大多两面是墙，一面是玻璃，凸出室外的飘窗大部分都有三面玻璃，这使采光面积大大增加，人们的视野也变得更开阔，但相应的在制作飘窗窗帘时，测量就需要更精确了。

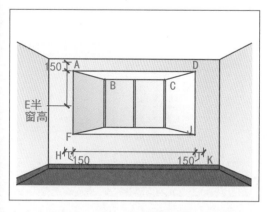

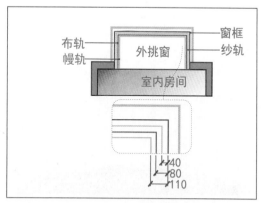

↑ 窗帘在飘窗内部，高度测量是从A点量至E点，宽度是AB距离加BC距离再加CD距离；窗帘在飘窗外部则高度测量是从A点往上150mm处量至距离地面30mm处，宽度从H点量至K点。

↑ 飘窗窗帘纱轨的长度是沿窗量出的尺寸（40mm×4）；布轨的长度是沿窗量出的尺寸（80mm×4）；幔轨的长度是沿窗量出的尺寸（110mm×4）。

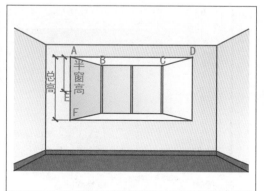

↑ 飘窗半窗窗帘高度测量是从A点量至E点，宽度是AB距离加上BC距离再加上CD距离。

↑ 飘窗窗帘既要具备观赏性又需要具备防隐私的功能，建议选择木百叶或者其他有一定私密性的窗帘。

　　飘窗作为观赏性空间使用时建议选择全落地式窗帘，飘窗窗帘款式的选择应该与全房风格一致，如果飘窗空间面积较大，能作为休憩空间使用，建议选择透气性好、有一定遮光功能的半窗窗帘，这样也方便进出飘窗空间，如果飘窗三面都是玻璃，建议三面均安装窗帘。

3. 阳光窗窗帘的测量方法

阳光窗一般出现在建筑面积比较大的住宅空间或者商业办公空间，一般会有两面以上的玻璃落地窗，整体的透光性很强，窗帘要依据对光线的接受程度以及空间的使用功能来选择，对于不需要光线强烈的区域，可以选择落地窗帘，需要比较好的光线的办公区域则可以选择非落地窗帘。

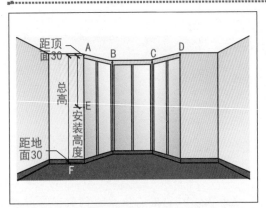

↑阳光窗选用非落地窗帘，测量其高度是从A点量至E点，宽度是AB距离加上BC距离再加上CD距离。

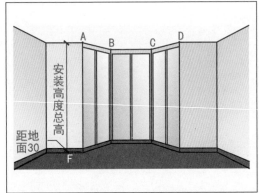

↑阳光窗选用落地窗帘，测量其高度是从A点量至F点（距离地面30mm处），宽度是AB距离加上BC距离再加上CD距离。

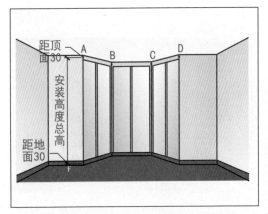

↑阳光窗如果是单片玻璃安装窗帘，测量其高度是从A点量至F点（距离地面30mm处），宽度则是分开测量，为每一单片玻璃的宽度。

↑阳光窗建议选用轻纱质窗帘或轻纱与棉麻相结合的窗帘，施工便捷，使用也方便，可以自由调节遮光度，能满足不同方位的光线需求。

一般市场上所销售的阳光窗框架基本都是80mm厚的，安装阳光窗时要选择密封性强的密封材料，可以选择整体性的阳光窗，也可以选择单片形式的，但单片形式的阳光窗一般价格较贵，市场价在300~400元／㎡，大家可以根据价格和质量综合考虑。

4. 其他窗型窗帘的测量方法

除去基本款型的窗户，还有景观窗、转角窗、L形窗、多边形窗、尖顶窗、带门的窗、中间有梁的窗、侧面有梁的窗、在楼梯边的窗、斜窗、圆弧窗、卧窗等，每一种窗型都有其特定的测量方式，下面就其中几种做一个介绍。

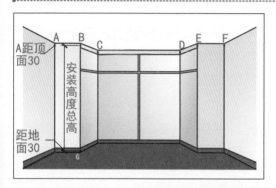

↑多边形窗的窗帘，高度测量是从天花板量至距离地面30mm处（D点），如果是满墙窗帘，宽度则从A点量至F点（即整面墙的宽度）；非满墙窗帘宽度则从B点量至E点。

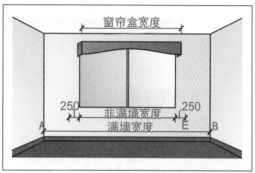

↑有帘盒的窗帘宽度测量要分满墙和非满墙，非满墙窗帘宽度是帘盒宽度向左边和右边分别加上250mm；满墙窗帘宽度则是从A点量至B点（即满墙宽度）。

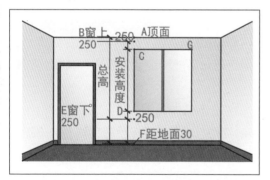

↑窗户边带门的，窗帘的宽度是从C点量至G点，高度测量则要分顶装落地和侧装非落地，顶装落地的高度是从A点量至F点，侧装非落地的高度是从B点量至E点。

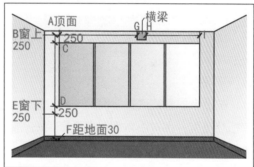

↑窗户中间有梁的，窗帘的宽度是BG、GH、HI的距离分段相加，高度测量则要分顶装落地和侧装非落地，顶装落地是从A点量至F点，侧装非落地是从A点量至E点。

图解小贴士

中间有梁的窗户安装窗帘时窗帘可以沿窗安装，但要依据梁的位置修改窗帘，可以平幔剪出横梁位进行顶装；或做镂空水波，底层平幔剪出横梁位进行顶装；或做工字褶并在褶皱处剪出横梁位进行顶装。

2.2 窗帘款式选择

时代在不断进步，商品房的户型也随着人们生活需求的变化而变化，在今天，大户型、复式房型、跃层等新兴户型层出不穷，窗户的窗型也一改往日的单调形状，不再千篇一律，这使得我们在选择窗帘的款式时需要从多方面考虑。

1. 从窗型考虑

所选的窗帘款式，一定要与窗型相匹配，我们所常见的窗型有半截窗、飘窗、落地飘窗、落地窗、弧形窗、中空落地高窗、拱型窗、三角窗等，了解窗型的特点可以很好地帮助我们合理地选择窗帘款式。

半截窗的高度一般位于离地板约900mm处，又分为立式窗和卧式窗，在窗帘的款式选择上可以选择与落地窗同类型的窗帘，另外，宽而短的窗，建议选择长帘，要让帘身紧贴窗框，遮掩窗框宽度，这样可以弥补窗户长度的不足；高而窄的窗，建议选择长度刚刚过窗台200~300mm的短帘，并向两侧盖过窗框，这样可以最大面积的使窗幅显现出来，使窗户产生增宽和缩短的效果。

落地窗可以说是半截窗的延伸，一般在客厅和卧室比较多，整体有一种对称美，是全面玻璃窗，采光面积大，可以使人们的视野更开阔，落地窗还会包窗套，有很强的装饰效果。

在窗帘的款式选择方面，一般以落地的平拉帘或者水波帘为主，还可以平拉帘和水波帘相互搭配，在材质方面可以选择棉质、麻质类的窗帘，也可以选择纱质和棉质相搭配的窗帘。

↑立式窗呈直立长方形，窗帘款式比较广泛，例如现代简约风格的窗帘或者纱质窗帘等，整体层高比较高的可以选择欧式风格的波浪帘头落地窗帘。

↑卧式窗窗型较宽，没有深窗台的卧窗选择落地窗帘会比较大气，还可以选择平拉帘与欧式水波帘相搭配，也会有不错的效果。

↑平拉帘款式比较普遍，大小随意，可以悬挂也可以掀拉，适用于各种窗型，比较常用的平拉帘是两侧平拉式。

↑水波帘比较豪华、大气，又分为落地水波帘和现代水波帘，在选择水波帘时可以根据装饰风格来选择。

图解小贴士

中空落地高窗建议选择平拉帘或落地水波帘，平拉帘可以采用电动式，帘头可以选择大波浪帘头搭配旗仔式帘头，这样会显得整体空间比较大气，能够凸显大客厅的特点。

飘窗一般在卧室，分为飘窗和落地飘窗，它为卧室增加了采光和通风的功能。飘窗面积不是很大，一般以观景休闲为主，窗帘建议选择落台窗帘，一方面可以吸音降噪，创造一个良好的睡眠环境，另一方面也可以起到很好的装饰作用。

↑作为休闲区的飘窗，可以选择罗马帘、卷帘或者平拉帘，其中罗马帘节省材料，帘收起来是层叠状，富有立体感，比较节省空间。

↑飘窗如果处于西晒方向，建议选择带有帘头、遮光布和窗纱的窗帘，帘头可以减弱飘窗坚硬的质感，增强软装效果，遮光布和窗纱可以很好地遮挡阳光。

在别墅以及复式楼中，经常会有弧形窗，对于这种窗型，建议选择满墙落地式窗帘，可以凸显弧形窗的大气，也可以选择电动式窗帘，使用比较方便；比较少见的拱型窗则一般适合选择具有欧式风格的带有自然褶皱的异形窗帘，可以用魔术贴将褶皱的窗帘固定在窗框上，清洗起来也会比较方便。

2. 从整体统一性考虑

统一是一种形式美，整体统一性是从空间、色系、材质等综合起来达到统一的视觉美感。所选窗帘的款式要和家具的样式所搭配，颜色以及窗帘的薄厚度等要和卧室或者客厅相匹配。

3. 从使用空间考虑

客厅属于门面空间，大客厅建议选用落地布艺窗帘，再配上纱帘，款式上还可加配帷幔；小客厅可以选择透光的卷帘、布百叶以及日夜帘等。客厅窗帘的颜色要与整体房间、家具颜色相和谐，一般窗帘的色彩要深于墙面；窗帘的材质要依据家居氛围来定。

客厅窗帘配上窗纱后，还可以附以花边、窗幔，这种窗帘组合层次会很丰富、错落有致，在选择客厅窗帘的款式时还要考虑图案，窗帘的图案对室内气氛会有很大影响，例如清新明快的田园风光会令人充满童趣感；色彩明快艳丽的几何图形则给人磅礴大气之感；精致细腻的传统图案会带给人一种古典、华美的感受。

卧室主要是人们休息的地方，所以需要一个相对比较安静的环境。窗帘的款式建议选择比较简洁、温馨的，原料布通常会以窗纱配布帘的双层面料组合为主，一来隔声，二来遮光效果好，同时色彩丰富的窗纱会将窗帘映衬得更加柔美、温馨。

↑窗帘花色的选择要和空间的整体颜色一致或者是相匹配，同时还要结合窗帘本身的功能性和装饰性来综合选择。

↑如果家具是软皮，那么窗帘就要选择布料比较柔软的款式，例如棉质水波帘，它会给人一种流动的柔美感。

↑卧室窗帘可选择落地布艺帘，再配上遮光布和窗纱，遮光布可创造很好的睡眠环境。

↑客厅墙面如果是淡黄色，建议选择黄或浅棕色的窗帘；如果墙面是浅蓝色，则可选择茶色或白底蓝花式样的窗帘。

↑客厅窗帘选择轻柔型的布料，会营造一种自然、清爽的家居环境；而柔滑的丝质面料会营造一种华丽的居家氛围。

　　书房是用来工作和学习的地方，窗帘应尽量选择透光性好，偏蓝色系的窗帘，例如款式比较天然的木百叶帘，或者隔音帘、素色卷帘、风琴帘、百褶帘等。儿童房的窗帘款式要充满童趣，窗帘原料布则建议选用对儿童无刺激的天然棉、麻布。浴室和厨房应选择防水、防油、易清洁的窗帘，可以选用铝百叶帘或印花卷帘。

↑小面积的书房可以选用素色的罗马帘，来营造一种雅致、恬静的工作阅读氛围。

↑儿童房要兼具学习和休息功能，建议选用窗纱配布帘的组合窗帘，既透光又能遮光。

↑儿童房可以选择带有卡通图案或者充满想象力的抽象图案的环保窗帘。

4. 从空间使用人群考虑

　　老年人居住的房间，窗帘建议选择比较庄重素雅的颜色，可以选暗花和色泽比较素净的窗帘；家里有孕妇的，应该尽量避免使用丝绒或者毛绒类的窗帘，这些窗帘会飘出细小的颗粒，而且也容易堆积大量的灰尘，也不易清洗；儿童居住的房间，窗帘款式要选择功能性比较强，可以升降的卷帘，这样小朋友也比较容易操作；年轻人居住的卧室则可以选择比较活泼明快，带有十足现代感图案花色的窗帘。当然，最重要的一点就是窗帘的环保指标一定要达到标准，绝不能因为窗帘好看就忽视了这一问题。

2.3 精确计算用料

一般在布艺市场销售的窗帘布幅主要有两种，一种布幅为1.5m的定宽布，它的高度是无限的，宽度不够可以加幅数；还有一种是2.8m的定高布，它的宽度是无限的，如果窗户的高度超过了2.8m，就要进行接高。窗帘的用料包括帘身、帘头、配色布、里布和纱。

↑窗帘的用布量与所要安装窗帘区域的长宽以及窗帘掀开的方向有关系，窗帘的掀开方式一般有单掀式、双掀式、多掀式以及罗马式等。

↑制作帘头的用布量是成品帘头的3倍，帘头的宽度通常和主帘的宽度相同，帘头高度是设计高度加上下两边窝边的高度，一般是100mm。

下面给大家讲述不同窗帘的用料计算方式。

1. 1.5m定宽布的用料计算

用料计算公式是：窗帘总用料=（成品窗帘宽×打褶倍数÷幅宽）（得出的结果需要四舍五入）×（成品窗帘高+缝份或做边100mm）

2. 2.8m幅宽的定高布的用料计算

用料计算公式是：帘身用料=成品窗帘宽×打褶倍数

3. 帘头的用料计算

工字褶帘头（非对花）用料计算公式是：（成品窗帘宽×打褶倍数÷幅宽）（得出的结果需要进成整数）×帘头高度;工字褶帘头（对花位）用料计算公式是：成品窗帘宽×打褶倍数÷花位个数

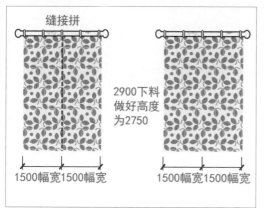

↑ 1.5m的定宽布在裁剪时要先将下料分配好（即测量准确窗户所需窗帘的宽度），依据所要安装窗帘区域的宽度增加原料布幅数。

↑ 选用2.8m定高布制作工字褶帘头时可以按照设计图纸将原料布裁剪成大小一致的多个布块，然后捏褶做成所需的工字褶帘头。

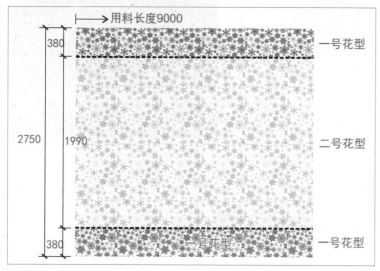

←全色对花的帘头会使窗帘显得很高档，但只适用于整卷布进货的或者销量比较好的面料。

此外，即使窗帘的款式、规格都一致，只要做法不一样，所需要的面料就会相差很多。窗帘在制作时选择的不同的排版方式，也会导致窗帘最终的用布量有所不同。

1. 直裁排版

直裁做出的水波线条会显得不太流畅，一般不建议用这种方式来裁剪水波纹。

2. 斜裁排版

斜裁排版经常用于水波剪裁，运用这种排版方式做出来的水波线条会很流畅。

3. 对花位斜裁排版

对花位斜裁排版使用频率比较少，比较适用于要求水波花位顺序一致整齐的窗帘。

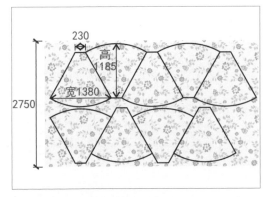

↑直裁排版的方式比较节省布料，但形式单一，不适合制作工艺复杂的窗帘。

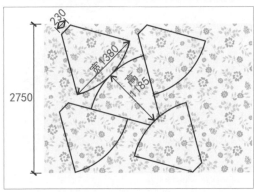

↑斜裁排版的窗帘相较于直裁排版会更有设计感，设计的样式也可以更丰富。

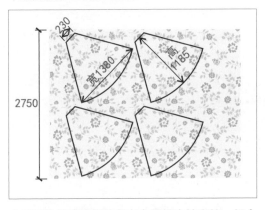

↑对花位斜裁排版的窗帘会显得比较高档，但会比较麻烦，所用布料也会比较多。

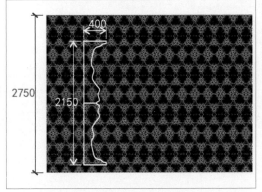

↑平幔不对花位的剪裁（平幔竖排）相对于对花位剪裁平幔较节省布料，但制作效果没有对花位的精致。

图解小贴士

制双掀式窗帘的用料计算方式

计算双掀式窗帘的用布量主要包括主帘用布量和帘头用布量，这里主要介绍主帘用布量的计算方式。

主帘的高度＝窗户的高度＋主帘底边的窝边＋主帘顶端的窝边

一般窗帘都会在顶端留出100mm以上的窝边尺寸，这个尺寸是由卷进窗帘顶端无纺布的宽度所决定的。

主帘的宽度＝窗户宽度×2（这样是为了使窗帘褶皱比较均匀）＋两边侧边的窝边尺寸（100mm）＋窗帘闭合时重叠的用布量（这是为了保证窗帘拉上时重合位置没有缝隙）

另外计算双掀式窗帘的主帘需要多少幅窗帘原料布可以用主帘的宽度除以高度，制作主帘最终用布量则是主帘高度的用布量乘以窗帘幅数。

2.4 成本核算与报价

在窗帘制作的成本核算与报价这个环节，很多人并不理解，需要长期实践才能精确计算出价格。其实，窗帘的价格主要受布艺材料价格和人工工资价格两个方面影响，了解当地布艺材料市场与劳动力市场价格后，计算起来就比较容易。

1. 窗帘布艺材料价格

以一套完整且复杂的布艺垂挂窗帘为例，窗帘的价格主要包含以下几个方面。

↑布艺垂挂窗帘，作为本小节的案例对象。

窗帘结构成本价格参考表

序号	名称	数量	单位	单价	备注说明
1	帘身布料	1	m	30~120元	窗帘布料根据厚薄和花形价格相差很大，该价格为中档价格区间，高度统一为2800mm，布料宽度一般为遮盖宽度的1.5~1.8倍，以布料宽度计价，超过2800mm需要缝接，缝接高度每1400mm为一个计价单位，即计为基本单价的50%
2	帘头布料	1	m	20~60元	以布料宽度计价，帘头布料高度一般不超过1400mm，可计为帘身布料单价的50%，超过1400mm即按2800mm计价
3	帘里布料	1	m	20~40元	较高档的窗帘会配上帘里布料，也就是在帘身布料的背面增加一层布料，相当于夹克服、西服的里面布料一样，计算方式与帘身布料相同，以布料宽度计价，但是价格较低

续表

序号	名称	数量	单位	单价	备注说明
4	纱帘布料	1	m	10~30元	纱帘布料比较单薄，位于帘身布料与窗户之间，计算方式与帘身布料相同，以布料宽度计价，但是价格较低
5	腰带	1	件	0元	与帘身布料同款，一般多用边角料制作，布料成本一般可忽略不计
6	布勾	1	件	2元	金属或塑料制品，以件计价
7	花边	1	m	10~30元	根据帘身布料的风格来搭配成品花边，花边缝制在帘身、帘头或腰带上，根据需要来增加，一般以长度为计价方式，宽度一般为60~200mm
8	魔术贴	1	m	1~3元	将窗帘上各部件根据需要来安装、粘贴，以长度计价，宽度一般为20~60mm
9	滑轨穿杆	1	m	10~50元	用于安装窗帘的支撑部件，根据材质不同价格相差较大，一般为塑料、铝合金、不锈钢等材质，以长度计价，装饰性较强的穿杆两端还配有装饰帽头，需要单独按件计价
10	挂球	1	个	5~20元	工厂预制成品件，根据材质与造型的复杂程度不同而价格不同，以个计价
11	配重块	1	个	1元	一般为铅块，多用于高档窗帘，隐藏在帘身与帘里面之间，增加窗帘的挺括感
12	电动机	1	个	100~200元	专用于电动窗帘，需要预留电源线或插座，一般安装在窗帘盒或吊顶中，部分高档产品还配有遥控器
13	其他五金配件	1	套	10~30元	每个窗户的窗帘安装还会使用膨胀螺钉、螺栓、挂环等各类五金配件，该价格为单个窗户安装窗帘的配件使用价格

2. 人工工资价格

如今，随着市场经济的稳定发展，窗帘制作与安装的人工工资与全国各地建筑装饰安装行业相当，2017年全国建筑装饰安装行业平均工资为5000~8000元/月，工作日平均工资为300元/日。当然，部分沿海城市与内地二、三线城市的工资水平相差仍然很大，需要根据当地实际情况来计算。

以一套三室两厅120m²住宅为例，需要安装窗帘的窗户为7~9个，主要包括客厅、餐厅、3个房间、2个卫生间，部分住宅室内还要求安装阳台、厨房窗帘等，综合计算平均一个窗户所需要的窗帘面积为6m²（含垂挂窗帘的皱褶），平均计入8个窗户，需要制作48m²窗帘，需要熟练的缝纫工加工2天，安装工安装1天，咨询、测量、计算、设计、物流人工综合计入1天，人工工资可以计算为4天×300元＝1200元。

具体人工工资价格计算根据窗帘的复杂程度和当地窗帘市场需求状况来定。

3. 其他费用

除了上述材料费与人工费外，还有一些无形的费用会在窗帘制作与安装过程中产生，如物流费、机械磨损费、税金、店面房屋租金等。

物流费是指用于窗帘材料选购后的运输费，现代装修行业的原材料大多通过网络购买，通过物流、快递公司，从厂家直接发货给加工经销商。

机械磨损费是指缝纫机、侧边机等用于窗帘加工制作的机械与电锤、电钻等用于窗帘安装的机械，在使用过程中所产生的磨损费或折旧费。

税金是指所开具发票需要向税务部门缴纳的税金，根据不同经营规模、性质、税种，需要缴纳3%~17%税金。

店面房屋租金根据店面地段与经营方式来确定。

上述费用一般都会折算到窗帘的材料费与人工费中，更简单的计算方式是在材料费与人工费之和的基础上计入百分比，一般为20%~25%。

4. 窗帘利润与报价

在各个行业，利润与报价都是大家最关心的，其实也是公开的秘密。绝大多数个体或小规模加工行业，都具有一定的竞争性和规范性，纯利润一般为20%~25%。也可以这样计算，材料费与人工费属于直接成本，其他费用属于间接成本，利润与成本之间的关系是1：3。

加工经销商在面对客户时，给出的报价一般为直接成本的2~3倍，实际成交价格一般不会低于直接成本的2倍，那么纯利润一般为窗帘报价的20%~25%。具体价格以当地市场环境和加工经销商的经营方式来确定。

←图中窗帘为本案例比较对象，窗帘遮盖部分总宽为2.8m，布料高2.7m，宽为窗户的1.7倍。

序号	名称	数量	单位	成本单价	成本合价	报价单价	报价合价
			窗帘成本与报价案例对比参考表				
1	帘身布料	4.76	m	30	142.8	60	285.6
2	纱帘布料	4.76	m	15	71.4	30	142.8
3	腰带	2	件	0	0	15	15
4	布勾	2	件	2	4	4	8
5	滑轨穿杆	2.8	m	20	56	40	112
6	挂球	2	个	5	10	10	20
7	其他五金配件	1	套	15	15	30	30
8	加工人工	0.25	日	300	75	500	125
9	安装人工	0.25	日	300	75	500	125
10	合计				449.2		878.4
11	税金	3%					26.4
12	成本				449.2		
13	报价				449.2		904.8
14	成交价						900
15	纯利润						225

↑蓝白相间的窗帘一方便体现了地中海风格的清新感，另一方面与周边的家具形成了非常完美的呼应。

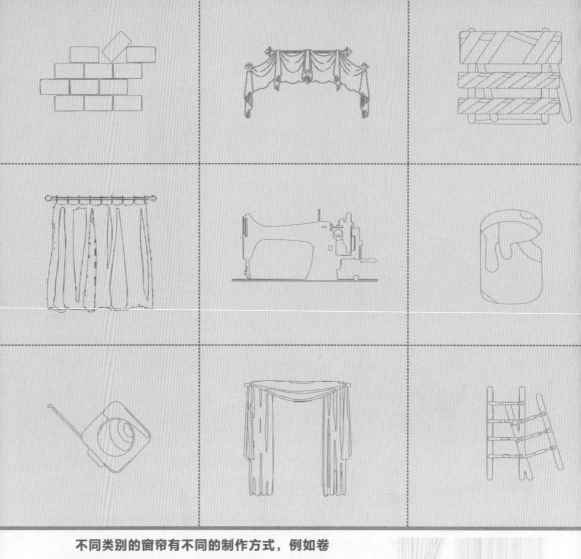

不同类别的窗帘有不同的制作方式，例如卷帘和穿杆窗帘，从名称上就可以看出二者制作方法的不同。了解窗帘以及窗帘的制作工艺，对于商家来说，有利于其分辨窗帘的质量好坏；对于使用者而言，当家里的窗帘受到损坏时，使用者可以很迅速地找出窗帘出现损坏的原因，以此作为参考为维修人员的工作节省维修时间。

Chapter 3

基本窗帘的制作

识读难度：★★★☆☆

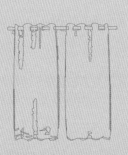

3.1 穿杆式窗帘

穿杆式窗帘属于众多窗帘样式中的一种，由于安装便捷、价格较实惠，因而在日常生活中使用率比较高，它不用挂钩，而是在窗帘顶端依据尺寸打孔，再套上各种款式的环形圈，配合罗马杆将窗帘支撑起来。穿杆式窗帘主要有普通穿杆式、对花位穿杆式、拼色穿杆式和可调节高度的穿杆式窗帘，大家可以根据需要进行选择。

←穿杆式窗帘安装在房顶和天花板时，罗马杆与墙壁的距离应该控制在60～100mm之间，这样可以防止窗帘开合时，摩擦墙面，污损窗帘布。

穿杆式窗帘的制作流程很简单，先是要确定成品窗帘的规格，依据规格计算出相应的用布量，其计算内容主要包括布用量、打孔个数以及孔间距，下面给大家详细说明。

用布量＝帘身的用量＋配布的用量；帘身的用量＝成品窗帘宽×打褶倍数；窗帘配布的用布量要依据窗帘的具体造型而定，造型越复杂，配布用量越大；打孔个数＝帘身宽度×6（将得出的结果进位成整双数，这个数字为打孔个数）；孔间距＝帘身宽度÷孔个数（一般孔间距在160～180mm之间）

图解小贴士

在选择穿杆式窗帘的圆环时建议选择稍大一些的铁圈，比较方便开启窗帘，打褶吊环的穿杆方式可以比较灵活的开启窗帘，吊布带以及直接穿杆的方式不建议大家选用，在计算穿杆式窗帘的用布量时要考虑到使用者是否需要额外添加窗帘腰带，如果需要则应在整体用布量上加上200mm。另外在测量时所说的尺寸并不是窗户的宽度，而是指窗帘覆盖窗户后的宽度，一般需要和罗马杆保持一致，测量时基本是以窗户的宽度为基准，往窗户两边再延伸200～350mm，当然宽度也可以根据使用者的喜好进行选择，例如有的人喜欢满墙窗帘，有的喜欢非满墙窗帘。

1. 普通穿杆式窗帘

普通穿杆式窗帘一般选用单色布或者印花布作为窗帘的原料布，制作工艺比较简单，适用于面积比较小的卧室。

普通穿杆式窗帘的制作流程比较简单，在确定成品窗帘的规格之后就可以依据设计图纸来进行制作了，在制作之前要记得提前准备好裁剪工具和所需的原料布。

首先是裁剪布料，在裁剪布料时要对准花位，可以事先在布料上画出要裁剪的范围，沿线剪裁，确保无失误；第二步是剪掉多余的底边并锁好边，依据需要将无纺布向内卷，保证底边布料厚实，不会脱线；第三步是包底边，车缝窗帘两侧的立边，缝合窗帘的底边前一定要先将两个主帘放在一起比对长短后才能进行下一步的裁剪，这是为了保证成品窗帘的长度一致；第四步是确定好窗帘的高度，车缝布带，车缝时要注意缝纫线距离最外边为5mm，连线之间距离为1mm，缝纫期间要双手合作，慢慢地向前推缝布料，采用直线针法缝纫，开头和结尾处要多用一点针线，缝纫结束后要仔细检查针脚是否均匀；最后一步就是打孔定位，安装罗马杆了，打孔之前一定要确定好打孔的个数和孔与孔的间距，确保间距一致，方便后期安装环形圈。

↑穿杆式窗帘的罗马杆一般会使用铝合金罗马杆、塑钢罗马杆和欧式罗马杆，质量较重，收拉太过用力可能会导致罗马杆脱落，不建议用于儿童房。

↑穿杆加工线帘时会有5~10cm的损耗，建议购买稍宽一些的原料布。

图解小贴士

　　窗帘裁剪主要有两种方法，第一种是计算裁剪调试捏折，这种方式做出来的水波需要调试，容易变形，不建议使用；第二种是摆布裁剪法，它是在第一种方法上进行改进，不需要计算，不需要调试捏折，更不用拉绳，一次裁剪，直接车缝，一次成形，比第一种方法要节约更多的时间，样式也更美观。

2. 对花位穿杆式窗帘

对花位穿杆式窗帘相对于其他窗帘，样式更美观，纹案也更立体。在制作时，一定要按照花位进行剪裁，如果没有对照花位进行剪裁，即使下料宽与对开花型对称，对开后的花型也不能对花，会造成花型错位。

制作对花位穿杆式窗帘第一步就是裁布，首先量出布花位之间的间距，然后找出布料边上的一个花位，在最边上按花位间距的一半再加上50mm缝份剪裁；第二步则是车缝，按照设计图纸裁好布料之后，将布下摆包好边，车好两边的立边；第三步是打孔定位，将布对中叠起，注意无纺布带要对齐对应的花位，然后用粉笔对着花位的正中点画上记号，然后再按记号线对中叠起，在中间画上打孔的定位线；第四步就是打孔了，将布料正面对中叠起，调节好打孔机的间距，按照布料上的定位线打孔；所有工作完成之后就是压圈了，将环形圈压到窗帘上，然后将布料挂上罗马杆，整理平整，绑上绑带，对花位穿杆式窗帘就制作好了。

↑制作对花位穿杆式窗帘时将花位定在折的凸出位置会使窗帘看起来更立体、更美观。

↑制作对花位穿杆式窗帘时帘头和底边锁边是为了在使用中和清洗时不会开线。

图解小贴士

为了保证裁剪出来的布是平整的，应该先将布平铺在地板上，对中叠平，折叠时布的边要对齐，找出中线，然后沿中线将布拿起来，在布下面最靠边的地方，打一个剪口，打开布，用一根长的轨道对好上下两个剪口，画一条直线，然后把多余不齐的部分剪掉。布做齐之后，依据图纸，将布剪下来，右手拇指和中指拿住尺，布的边靠着尺，用食指压住布，让布自然下垂，左手顶住大约在1m的位置，一米一米地量，量好尺寸后，将布对中叠起，使其两边对齐，对齐后要抖一抖，防止布的中间粘连在一起，最后平铺在地板上，用剪刀对中裁下，剪刀不能向上翘，也不能向下歪，对着中间线一直平裁下去，这样剪出的布就会是很平整的。

3. 拼色穿杆式窗帘

拼色穿杆式窗帘适用性比较广泛，主要是在普通的窗帘布上加了配色布，使整体窗帘在视觉感官上更具有魅力。配色布有点类似于我们常说的"色卡"，它拥有绚丽的色彩，多变的造型，既可以分段拼接，也能做成其他具有特色的造型。

↑配色布要选择色系比较搭配的，要依据使用环境和使用对象来选择。

↑裁剪布料时要沿着布料纹理走，保证做好的成品窗帘有足够的垂坠感。

↑拼色穿杆式窗帘可以造型拼接，这种拼色不仅丰富了色彩，也提高了档次。

↑拼色穿杆式窗帘还可以选择大色块拼接，但要注意窗帘的色系与房子的整体颜色相和谐。

拼色穿杆式窗帘制作流程和上文所介绍的几种窗帘制作流程基本一致，主要就是确定成品窗帘尺寸；按照对花位剪裁面料；依据设计图纸剪裁布料，然后锁边，车好布边、底边和无纺布带；以及最后的打孔和安装罗马杆。和其他窗帘不同的是，拼色穿杆式窗帘需要在裁剪之前确定好拼色的款式，并规划好色布的拼接尺寸，而且在锁好边之后将拼色布贴在主布上然后再车缝，这一点要了解。

拼色穿杆式窗帘在进行大色块的拼接时，有几种不同的拼接方式，在这里列表说明。

拼色穿杆式窗帘的不同拼接方式	
拼接方式	备 注
双拼	弥补单色调房间带来的枯燥感，建议选用房间内软装的两个主色调作为双拼色
三拼	比较新颖，独具设计感，适用于房间内墙面颜色也是三色的情况
不等比拼	适合面积较大的空间或者美、欧式装修风格的空间
渐变拼	渐变色与整体空间的主色调相呼应，可以形成一种和谐感
左右对拼	左右两扇窗帘用不同的颜色，更具艺术感，建议选用相近色或者互补色
混色拼	纯色调的窗帘相互搭配也会形成不一样的感觉
拼布	不同色调的布块缝制在一起，极具几何感，但要注意整体搭配的和谐感，比较适合异域风或民族风

↑纯色调的窗帘布拼在一起，不单调，也不会太张扬，与周边家具相匹配给整体空间增添美感。

↑制作渐变色的穿杆式窗帘在材质上建议选择轻纱类，整体的渐变会给人一种神秘感。

还有一种穿杆式窗帘是我们不经常见到的，它是可以加高度的穿杆帘，它的制作流程也和上文所说的基本一致，不同的是，我们在制作这类窗帘时要确定好窗帘需要加长的长度是多少，并且需要将加长布的正面和主布的正面对正车缝在一起，当然加长的那部分布料也需要锁边。这种类型的窗帘适用于空高比较高的办公区域，由于它的高度比较高，因此开合的难度就比较大，建议选用比普通穿杆窗帘稍大一些的环形圈来压帘。

3.2 韩褶窗帘

　　韩褶窗帘比较学名化的称法应该是韩式褶皱窗帘，它是将窗帘按照1：2或者其他的比例制作成拥有"封闭"的褶皱的一种窗帘，这种窗帘褶皱样式较多，比较美观，立体感也较强，价格比较适中，适合大部分建筑空间使用。在制作韩褶窗帘时，一般分为对花韩褶、不对花韩褶、酒杯褶以及韩式固定褶等，这里对常用的几种韩褶窗帘做具体介绍。

↑对花韩褶窗帘给人一种很强的对称感，能够凸显花型的特点，但工艺要求比较严格，必须按照尺寸规划对准花型，剪裁布料。

↑不对花韩褶窗帘较之对花韩褶窗帘工艺稍简单一点，花型排列比较自由，但也有一定的规律，它的这种不对花是一种不对称美。

↑酒杯褶窗帘因褶型极似酒杯而得名，有序排列的酒杯褶给窗帘增添了艺术感，显得立体化。

↑韩式固定褶窗帘是生活中常用到的一种窗帘，褶型样式较单一，但与传统窗帘相比款型美观。

在制作韩褶窗帘时要注意沿着布料固定的脉络去剪裁，这样做出来的花型才会更好看，也能减少布料的损耗量，裁剪时速度要控制好，不能太求快，以免弄伤手或者将布料剪偏了，造成浪费。

　　裁剪时可以沿着布料的脉络纹理来进行，即沿着布料的平行边剪裁，在裁剪布料长度以及需要横跨布料长度时，横跨布料宽幅的横头（裁剪边缘）必须要拉直，这一点要重视，拉直后的布料纹路会更清晰，更方便剪裁。

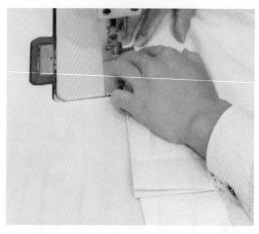

↑车缝侧边之后要再加缝有纺布带，这是为了增强窗帘的锁边效果，也可以缓解窗帘拉线的尴尬情况。

↑一个韩褶做好后的基本用料是120～150mm，韩褶之间的褶间距为120～180mm，在设计窗帘造型之前要考虑好这些数据。

↑住宅空间中儿童经常出入的区域，例如书房或者儿童房使用韩褶窗帘时要注意布料不要选择太厚的，建议使用柔软度比较高的纱质窗帘。

↑选择韩褶窗帘的布料时尽量选择颜色比较温和的，这样和各类韩褶搭配在一起才不会显得突兀，也能体现韩褶窗帘的清新感。

这里主要介绍对花韩褶窗帘的制作方法，对花韩褶窗帘样式比较好看，使用率也在慢慢升高，对花韩褶窗帘的制作主要分为四个步骤，分别是用料计算、褶位计算、裁剪布料以及车缝收边，在裁剪布料时要注意花位对准花位，车缝时以花朵的最中心捏褶车缝，注意控制好两侧边距（一侧的边距一般为40mm）、韩褶、对花以及褶间距。

下面介绍下料和褶位的计算方法。

1. 下料的计算方法

下料宽=成品帘宽×2；花朵数=下料宽÷花距（得出的结果需要进位成整双数，此处为两片帘的花朵数）

褶间距=成品帘宽÷（花朵数−1）（此处的花朵数为单片窗帘花朵数，且成品帘宽是所有褶间距的总和）

单个褶用料=花距−褶间距

花距指两个对花中心之间的距离，花朵数越多，褶间距越小，单个褶的用料量会相应变大，帘宽建议制作大一些，方便后期修改。

↑布条式韩褶窗帘只能穿插到罗马杆上，开合不是很灵活，适用于面积比较小的窗型以及田园装修风格。

↑制作完成后用熨斗熨顺，熨的时候要将窗帘的上下两边拉扯一下，这是为了让熨烫之后的窗帘垂挂时比较柔顺，不会有多余的褶皱产生。

2. 褶位的计算方法

褶位总用料=折边后宽度−成品帘宽−边距（这里的边距是指两侧的边距，一般为80mm）

褶个数=褶位总用料÷130mm（130mm为褶间距，基本固定，最后得出的褶个数取整数）

单个褶用料=褶位总用料÷褶个数

下料时以布料最两边的花朵中心为中心提前预留出半个褶位、边距以及车缝帘身时的折边并标记单个褶用料、褶间距和边距，方便剪裁。

3.3 卷式窗帘

卷式窗帘又叫卷帘窗帘，它是采取卷管带动整幅窗帘上下卷动的方式来开合窗帘，主要适用于办公场所、写字楼、银行等区域，另外一种对于卷式窗帘的解释则是指采用卷取方式使软性材质的帘布向下倾斜与水平面夹角大于75°伸展、收回的遮阳装置，相对于传统左右开合式的布艺窗帘而言，卷式窗帘使用更方便。

现在布艺市场上各类的卷式窗帘层出不穷，根据材质划分为阳光卷帘、半遮光卷帘与全遮光卷帘等，根据结构及操作方式又分为拉珠卷帘、弹簧卷帘以及电动卷帘等，下面介绍几种主要卷式窗帘。

1. 阳光卷帘

阳光卷帘，是采用特殊方法编织而成的原料布制作成的窗帘，这种原料布中含有聚酯涤纶加PVC合成物，也被称为中透景卷帘。这种卷帘可以有效的阻挡紫外线，同时还能起到防止细菌滋生的作用，实用性很强。

2. 半遮光卷帘

半遮光卷帘的原料布是半遮光面料，一方面，它可以起到一个很好的遮挡作用，也能很好的保护隐私；另一方面，这种卷帘也会有光照射进来，可以起到阻挡紫外线的效果，但是半遮光卷帘的原料布比较容易损坏，日常使用中要注意经常保养。

3. 全遮光卷帘

全遮光卷帘是办公场所最为常见的一种，它具有良好的遮光功能，目前全遮光卷帘又分为涂银全遮光卷帘、非涂银全遮光卷帘以及涂白全遮光卷帘等多种。

↑拉绳式珠帘的卷式窗帘不适用于有儿童的住宅空间，比较适用于办公区域的遮阳。

↑电动屏风帘选用质量比较轻的窗帘，这样不会给人以沉重感，也减轻电动卷帘的负重。

↑由玻璃纤维阳光面料制作的卷帘可以很好地保持室内空气流通，还具有很好的阻燃性能和防潮性能，适合大型办公空间使用。

↑半遮光卷帘比较适合不需要很多光照的区域，它的透光性很不错，能透过卷帘看到室外的风景，有助于放松心情。

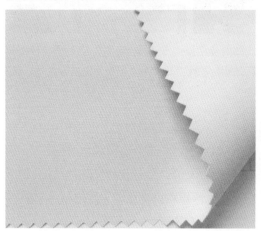

↑涂白全遮光面料相对于涂银全遮光面料比较环保，涂银全遮光面料中所含有的银易挥发，建议家中有儿童和孕妇的不要使用此类卷帘。

↑全遮光卷帘适用于对隐私性要求非常高的区域，还可以起到很好的隔热的作用。

4. 拉珠卷帘

拉珠卷帘是采用珠链拉动式来控制卷帘开合的，拉珠卷帘主要由轴轮、珠轮、扭簧、卷轴、支撑板等配件组成，开合卷帘要通过拉动拉珠，带动珠轮旋转，此时扭簧松开方向受力使轴轮沿卷轴旋转和支撑板一起带动卷管旋转，从而使卷帘上下移动。

5. 弹簧卷帘

弹簧卷帘又被称为半自动卷帘，在它的窗帘管中有弹簧装置，根据操作系统的不同可以分为传统拉绳式弹簧卷帘、拉珠式弹簧卷帘、一控二式弹簧卷帘和助力弹簧卷帘等。

6. 电动卷帘

电动卷帘是以管状电机为动力的一种电动化卷帘机构，操作简便，电动卷帘的电机是直接安装在铝合金卷管内的，这样既减少了窗帘箱的体积和力的传动环节，又避免了外界对电机的影响，增加了机构的可靠性。

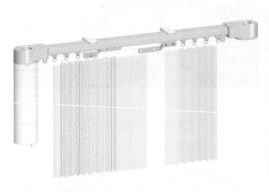

↑电动卷帘的卷管是优质铝合金材料，强度高，而且不易变形，具有很好的防老化、耐腐蚀功能，使用寿命较长。

↑弹簧卷帘操作方便，拆卸也简便，通常在办公区域用到的频率比较高，具有一定的遮阳性。

下面以卷式遮阳窗帘的制作方法为例来具体说明，卷式遮阳窗帘和其他窗帘的制作流程一致，都是需要先计算用料，然后再选择材料、下料、裁剪，最后再组装。

卷式遮阳窗帘的用料计算方法是用安装窗户内侧的纵向尺寸乘以横向尺寸，卷帘制作时不需要加窝边。一般卷式遮阳窗帘建议选择广告布，其宽幅是固定的，选好材料就可以按照设计图纸进行下料裁剪了，剪裁时要对折，依据尺寸裁剪。

待所需布料裁剪结束后，剩下的就是组装了，组装时要保证托杆的尺寸与卷帘的尺寸保持一致，上下托杆分别锯切至成品尺寸大小，再用订书机将长塑料条固定到广告布的顶端和底端，每隔70～80mm订一下，装订时塑料条要分别钉在广告布的两面，这样是为了让托杆紧紧地固定住广告布，防止广告布脱落。

所有塑料条订好后将广告布的顶端和底端插入到托杆中，把托杆的两端安上堵头，然后安上拉珠，拉珠既起到固定作用，还可以闭合窗帘，拉珠在墙面上的安装距离要与托杆的长度相同，至此卷式遮阳窗帘制作完成

图解小贴士

卷帘安装之前一定要画线定位，并确定好安装的孔距大小，相关的配件必须按照窗帘的尺寸来选择，质量必须达到要求，不可大意。

除此之外，还有几款卷帘，在生活中运用的频率不高，下面列表具体说明。

其他类别的窗帘		
名称	材　质	备　注
竹制卷帘	采用竹质材料做成的卷帘	遮阳性、透风性很强
藤艺卷帘	采用藤蔓编织而成的卷帘	防虫、防潮
柔纱卷帘	采用柔纱制作而成的卷帘	不易变色，不易积灰，不易变形，使用寿命长，且易于清洁保养
日夜卷帘	采用纱与布结合而成	纱帘透光性好，布帘遮光性好，两者结合可以很好地满足不同需求
蜂巢卷帘	采用PVC材质制作，形状颇似蜂巢	具有良好的隔音、隔热功能，也能防紫外线，价格相对较贵
垂直卷帘	不同材质制作，主要有PVC垂直帘、纤维面料垂直帘、铝合金垂直帘以及竹木垂直帘	样式丰富，适用于办公区和别墅
百叶帘	不同材质制作，主要有PVC百叶、印花铝百叶、木百叶以及竹百叶	种类丰富，遮光效果好

在选购卷帘时除了要货比三家以外，还可以依据其他的方式来进行选购。根据自己需求来选择面料，在选购卷帘时，看遮光不遮光是最基本的选择，还要依据功能性来选择，布质卷帘比较隔音，能遮阳，光线柔和，左右开合也会比较方便，可以将窗户全部打开。

会议室、培训室、经理办公室以及客户接待室等如果要使用卷帘建议使用布帘比较好，布质卷帘良好的隔声性更有利于谈话，其柔软性也能营造一个轻松的谈话环境。一般的办公室建议采用办公卷帘，材质工艺多样，有印花、提花面料，不同档次，价格也会不同，大家可以根据自己的经济情况自行选择。

另外在使用中还可以经常拉动卷帘，这样可以减少灰尘堆积成垢，还可以用鸡毛掸子扫除叶片上的灰尘，要注意不要在过于潮湿的地方使用卷帘，拉帘时尽量不要太用力，以免将卷帘拉坏。

其中的百叶帘在近几年运用频率也有所提高，但更多的还是运用于办公区域，百叶帘分固定式和活动式两种，由很多薄片连接折叠而成，具有通风、隔音、遮阳的功能，设计比较美观的百叶帘也能用来装饰家居生活。

↑制暗装（指百叶帘镶挂在窗户口里面）用于家居时较适用于小房间，安装时百叶帘的长度应该与窗户高度一致，宽度一般要往窗户左右各缩小100mm左右。

↑明装（指百叶帘挂在窗户外面）适用于大房间，安装时百叶帘的长度应该比窗户的高度高出100mm左右，宽度比窗户两边各宽50mm左右。

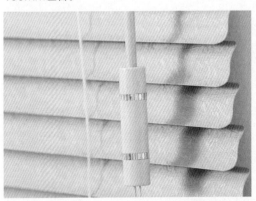

↑百叶帘在选购时要选择冷暖色调相协调的色系，并能与家具相匹配，例如棕红色的家具，可选用粉红色或香槟色的百叶帘。

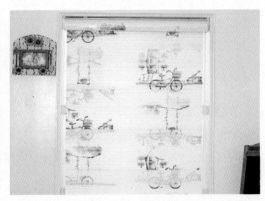

↑不同的区域对百叶帘的选择也不同，如布置儿童房用的百叶帘，选择带有卡通图案的，能够让儿童置于一个多彩的童话世界，增添居室的童趣感。

百叶帘可以分为手动和电动两种控制方式，电动控制的方式比较适用于大房间，另外竖式窗户和横式窗户对于百叶帘的选择也不一样，横式窗户适宜选用百叶垂帘，比较和谐统一，竖式窗户可以选择一般的百叶帘，这些在选购百叶帘时都要注意到。

↑竹制卷帘适合在夏季使用，竹子本身的自然气息会给人一种非常清爽、舒适的感觉，能够让人返璞归真。

↑蜂巢卷帘的拉绳是隐藏在中空层的，因而外观比较好看，使用起来也比较方便，适用于别墅家居、办公楼以及大型酒店等区域。

↑柔纱卷帘的横条可以很好地调节进光量的大小，能够为室内提供比较柔和、舒服的采光效果。

↑日夜卷帘可以将横式和竖式两种形式的窗帘相结合，能够为室内选择不同的投射阳光的方式。

图解小贴士

　　卷帘的制头安装主要分为两种，一种是内装，即将制作好的卷帘放置在窗框合适的位置上，在窗框或者墙壁上标明制头螺丝的位置，用螺丝拧紧制头，将其安装在窗框上；另一种则是外装，和内装不同的是，这种方法不用将卷帘放置于窗框中，只需依据设计图纸，在窗框或者墙壁合适的位置用螺丝将制头钉住，并且将没有粒珠的制头上的可转动模式掀开。需要注意的是制头的位置一定要对好，否则会出现卷帘安装歪斜的情况。

3.4 褶皱式窗帘

褶皱式窗帘是指按照窗户的实际宽度将窗帘布料以一定比例加宽形成各种褶皱的一种窗帘，褶皱式窗帘的帘头褶皱样式丰富，与其他窗帘相比更飘逸、灵动。

褶皱式窗帘的制作方法依据帘头褶皱的不同会稍有不同，但大致流程和韩式褶皱窗帘一致，都是先确定好成品窗帘的尺寸和款型，然后计算相应的用布量，依据设计图纸在布料上勾画好褶位、边距等，再进行剪裁，最后收边、装杆。下面介绍相应的计算公式:布宽＝窗户宽度×2（这里乘以的2指的是褶皱的倍数）。

一般家用窗帘用1.5倍的帘头褶皱就足够，但为了美观，选用帘头褶皱为2倍的窗帘会更适宜，窗帘如果做成非整面墙，测量的宽度则除去窗户宽度外还需加上窗户两侧各150～300mm的宽度，这样可以保证窗帘两侧无缝隙漏光，半高窗帘的高度测量则是在窗框的高度基础上再加上200～300mm：褶用料＝半成品窗帘宽－成品窗帘宽。

这里的半成品窗帘宽指的是已经车好边和无纺布之后的窗帘宽度，成品窗帘宽指的是已经打好褶，完全做好的窗帘宽度：褶个数＝成品窗帘宽×6（得出的结果要取整数）；褶大小＝（褶用料－布边距）÷褶个数；褶间距=成品窗帘宽÷（褶个数−1）。

1. 不对称式褶皱

不对称式的褶皱，视觉上形成不对称的美感，会使帘头在视觉上有一种被拉偏的感觉。

2. 自然垂落的多重褶皱

多重褶皱的窗帘本身质地较重，会自然垂落，这种窗帘适合多扇窗户组合在一起的情况，会给人一种很优雅的感觉。

图解小贴士

帘头的丰富造型赋予了窗帘不同的魅力，它的造型可以说是直接决定了窗帘的风格，繁复华丽的帘头给人一种雍容华贵的感觉，决定了窗帘的欧式风格；简约理性的帘头决定了窗帘的简约风格；感性浪漫的帘头则决定了窗帘的韩式风格。

所有与帘头相配的花边、束带以及褶皱的设计都会受到影响，而花边、束带以及帘头的褶皱又能烘托出整幅窗帘的生气，因此在设计时一定要从不同色彩、材质和造型来考虑帘头，要从设计上传达出独特的审美格调。

↑不对称式褶皱的帘头除了样式的不对称外，色彩上也可以不对称、不统一。

↑拥有多重褶皱的帘头适合选用棉、麻材质的原料布，一般用于空高比较高的区域。

3. 百合花形褶皱

百合花形褶皱指向是在平整的长方形帘头上镶上百合花形状的褶皱，帘头的底边则以曲线相连，这种窗帘不管是颜色还是帘头的造型都非常有设计感，比较适合落地窗。

4. 平行式褶皱

平行式褶皱的帘头采用了长方形的简洁造型，并配以多条褶皱以平行线的方式出现，一方面平衡了窗子的细长造型，另一方面平行式褶皱自然形成一种拼花效果，使帘头更具欣赏性。

↑百合花形的褶皱使帘头更具有立体感，窗帘整体也会给人一种清新自然的感觉，比较适合搭配纯色面料的帘身。

↑平行式褶皱的帘头制作比较简单，整体给人的感觉比较干净、整洁，搭配一些精致的小饰品会给整个窗帘增添不少色彩。

5. 错落式褶皱

错落式褶皱指的是帘头上三个大大的垂褶以错落的方式排列，两侧均配有独具特色的小件装饰物，适合窗型比较大的窗户，以落地窗为主。

6. 自然随意的帘头褶皱

自然随意的帘头褶皱在视觉上会给人一种轻松的感觉，适合选用质地比较轻柔的布料。

7. 竖形褶皱

帘头为竖形褶皱的窗帘采用的是规则的竖褶设计，适合选用棉麻质地的原布料。

8. 古典式褶皱

古典式褶皱是指帘头与帘体选择了完全一致的纯色面料，极具古典气息，这种古典的帘头褶皱方式既优雅庄重，又不会令人有压抑感，适合古典装饰风格和欧式装饰风格。

↑错落式褶皱的帘头很适合摩尔登田园风格的窗帘，窗帘整体能给人很好的观赏性。

↑自然随意的帘头褶皱样式在布料的缠绕方式上下功夫，选择不同缠绕方式，最后效果有所不同。

↑帘头为竖形褶皱的窗帘在视觉感官上会给人一种有序感和质朴感。

↑古典式褶皱的帘头比较具有统一性，可以选择质地稍微厚一些的布料，显得庄重。

↑不同的褶皱式窗帘适用于不同空间，多变的褶皱样式给人们提供了更多选择的机会，褶皱的色系选择建议在帘身的基础上有所变化，例如帘身是蓝色，褶皱则可以选择白色。

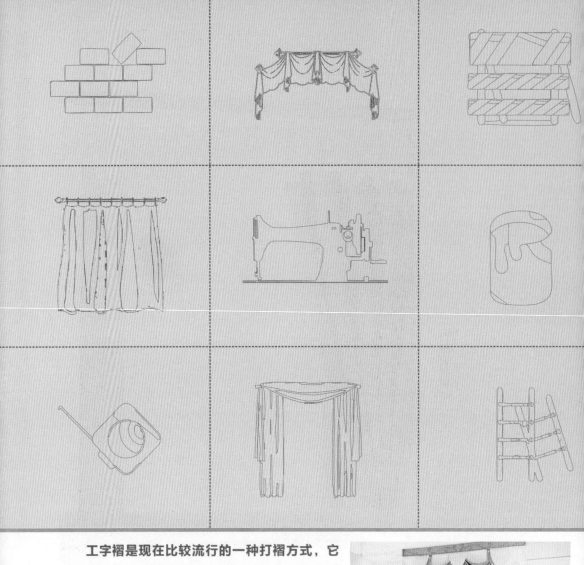

　　工字褶是现在比较流行的一种打褶方式，它样式多变，风格比较百搭，性价比高，手工捏褶，制作比较精细。工字褶帘头主要的样式有水平工字褶帘头、波浪工字褶帘头、波浪菱形工字褶帘头、波浪双层对位帘头以及波浪双层错位帘头等，大家可以了解这些工字褶帘头的相关知识，在生活中灵活运用。

Chapter 4

工字褶窗帘头

识读难度：★★★★☆

4.1 平底水平工字褶帘头

平底水平工字褶帘头属于工字褶帘头中最常用的一种，它的褶皱比较平整，款式比较简单，通常用于现代简约风格以及田园风格的窗帘。

平底水平工字褶帘头整体会给人一种有序感，不杂乱，平整排列的褶皱偶尔也会和波浪帘头或者小饰品相搭配。要想将平底水平工字褶帘头制作得更精美，下料就必须准确，褶与褶之间要控制好间距，一般间距在50～100mm，具体依据情况而定。裁剪拼接布料时也要细心，不能大意，下面先介绍平底水平工字褶帘头的下料计算方式。

下料宽=帘头宽×3（工字褶每个褶基本为3层，所以要乘以3）+折边+缝口；帘头高=帘身高度的1/8（高度在350～400mm）。

按照窗宽和窗高计算出所需的用布量后就可以裁剪布料了，注意下剪要准、直，不要有偏差。锁边时要将布料边角对齐，多余的部分要及时裁剪掉，锁好边之后就可以依据设计图纸进行褶皱款式的捏褶，捏褶时要注意褶皱大小要均称，最好提前计算好需要捏褶的个数以及褶皱的大小。捏褶结束之后选择合适的包边条进行车缝，还可以选择相搭配的小饰品，将其车缝到帘头上，车边结束之后将腰头车缝上，至此平底水平工字褶帘头制作完成。另外，平底水平工字褶帘头和韩褶帘头一样，也可以分为对花位剪裁和不对花位剪裁，花位不同，所需的用布量也不同，这一点在制作之前一定要确定清楚。不同的对花位方式，所采取的排版方式也会有所不同，如果是用一块布专门制作帘头的话，一定要注意每一个帘头要用一个完整的花位，以此来保证平底水平工字褶帘头的平整度。

↑平底水平工字褶帘头与现代简约风格的窗帘相搭配时，能够体现现代简约风格窗帘简洁的特点。

↑平底水平工字褶帘头与其他帘头相搭配时，丰富的层次感可以加强窗帘的清新感，田园风会更浓。

↑平底水平工字褶帘头用于普通窗的窗帘时，帘头高在450～600mm之间，这样整体比例会显得比较协调。

↑平底水平工字褶帘头用于飘窗的窗帘时，帘头高在300～450mm之间，依据个人喜好还可以再做调整。

　　为了使平底水平工字褶帘头更具有视觉美感，我们还可以自己DIY，可以将相配的饰带车缝到帘头上，如蝴蝶结DIY，即将饰带结成蝴蝶结，按照一定的构图缝到帘头上，可以选择两种颜色的饰带，一种深于帘布，一种浅于帘布，记住要按照一定距离，一排缝上深色蝴蝶结，一排错开位置缝上浅色蝴蝶结，这样也能使帘头具有动态的、立体的效果；还可以在帘头的布料做一些改变，例如选用不同颜色的布料将其拼接，这样制作出来的水平工字褶帘头会更具有设计感与艺术感。

↑将剩余的饰带结成不同的图案，一方面节省了布料，另一方面也能使水平工字褶帘头更灵动。

↑不论是材质的不同拼接还是不同色系的相撞，让平底水平工字褶帘头在视觉有一种冲击美感。

4.2 波浪菱形工字褶帘头

波浪菱形工字褶帘头属于工字褶帘头的一种，它的褶皱呈现出来的是一个交叉的X形，主要用于空高比较高的客厅，常用作落地窗帘的帘头，整体比较大气。

波浪菱形工字褶帘头与平底水平工字褶帘头的制作流程相似度高，都是按照窗帘的宽和高计算出所需帘头的高度和下料宽度，然后再裁剪出所需的布料，不同的是波浪菱形工字褶帘头需要按照设计图纸将裁剪的布料进行拼接，拼接后裁剪出波浪，手工捏好第一个褶皱后，再在布料高度2/5的位置处按照第一个褶皱的大小车缝第二条线。所有褶皱成型后再车上花边和腰头，最后缝上菱形布料，做最后处理。在制作波浪菱形工字褶帘头时，如果选用的是带图案的印花布，帘头取花时一定要两边对称，将帘头最美的一面呈现出来，必须重视帘头取花。捏褶皱时，将最漂亮的花型显露在外面，并且注意波浪的弧度与弧度之间的距离一致，波浪的褶位深度不能过深或过浅，波浪的褶位深度如果过浅，最后制作出来的褶皱效果就不会很明显；波浪太密太深，一定程度上会影响帘头的垂感。

↑如果要将波浪菱形工字褶帘头用于欧式风格的窗帘，可以在窗帘顶端增加一条金线，既能凸显欧式风格窗帘的华贵，也能提升窗帘整体的档次。

↑波浪菱形工字褶帘头的布料色系要与帘身的色系相统一，采用拥有镂空图案的布料作为帘身可以很好地中和帘头的下坠感，达到感观的统一。

图解小贴士

窗帘的折边、车脚属于操作细节要求比较高的地方，折边过小，会影响整个窗帘的美观度；折边过大，则可能会造成布料的浪费，在制作窗帘时要多注意这些地方。一般折边的成品标准宽度为30mm，需要车脚的窗帘如果没有特别要求，车脚成品标准尺寸一般是80mm。

↑小客厅使用波浪菱形工字褶帘头，可以选材质比较轻柔的布料，如美式田园风，整体较为清爽，也能与波浪菱形工字褶帘头的波浪相呼应。

↑小波浪菱形工字褶帘头制作完成，将其与帘身相连后，面积比较小的空间可以选用挂钩的方式挂起窗帘，方便后期的拆卸与清洗。

帘头花边的选择

风　格	花　边	特　点
新中式风格	珠花边、单一的排水花边	色彩比较素雅、内敛、含蓄，能够很好地凸显新中式风格的特点
现代简约风格	造型简单的花边、银色系的花边	银色系科技感十足，非常有时代特点，简单的造型也能给人一种现代简约的美感
田园风格	蕾丝花边、布艺花边	比较贴近自然，搭配效果比较温馨、浪漫
欧式风格	排水花边、珠花边和排水花边相结合	整体比较华贵、大气，能凸显欧式风格的奢华感
地中海风格	海星花边、蓝色系花边	整体给人一种清新的感觉，花边色系与整体帘头色系可以搭配得很和谐
成熟都市风格	皮草花边、珠花边	皮草花边造型特别，彰显出一种精致美；款式多变的珠花边可以应对不同人的需求

4.3 波浪工字褶帘头

波浪工字褶帘头在波浪菱形工字褶帘头的基础上做了一些改善，整体制作流程较波浪菱形工字褶帘头要简单一些，但裁剪方式更多样化，剪裁方式的不同，最后制作出来的帘头也会有所不同。

1. 两个波浪的剪裁

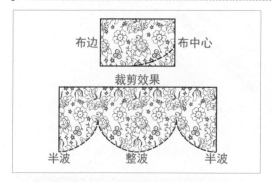

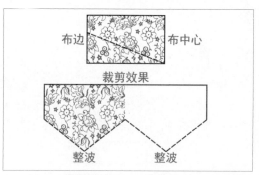

↑两个波浪的剪裁可以沿布中心画弧线裁剪，剪出的波浪比较圆润，剪裁时将布叠成4层，即对中再对中折，然后依据设计图纸剪裁。

↑两个波浪的剪裁还可以沿着布边画直线剪裁，这种剪裁方式呈现出来的波浪比较硬朗，适合不是很柔软的面料。

2. 三个波浪的剪裁

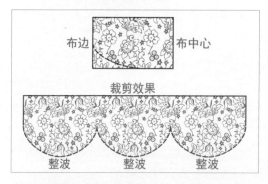

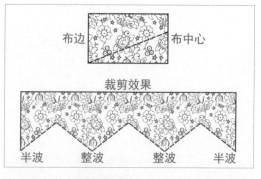

↑要让剪裁出来的三个波浪都比较圆润，首先下剪的弧度控制好，最好一剪到位，另外波浪的大小要提前设定好。

↑沿布中心画直线剪裁的方式，呈现的是两个整波，两个半波，剪裁时都应将布叠成6层，即对中叠后平均分成3份折叠。

3. 四个波浪的剪裁

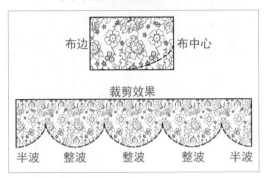

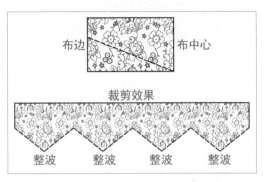

↑四个波浪的剪裁如果是沿布中心画弧线剪裁，呈现出的波浪则是三个整波，两个半波，波纹会相对比较平滑。

↑四个波浪的剪裁如果是沿布边画横线剪裁，呈现出的则是四个有菱角的整波，剪裁四个波浪时，将布料叠成8层，即对中折一对中折一再对中折。

4. 五个波浪的剪裁

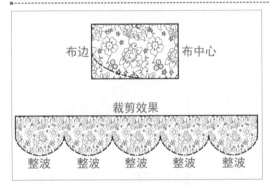

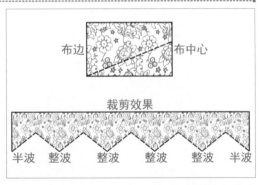

↑将布叠成10层，即对中折后平均分成5份再次折叠，然后再沿着布边画弧线剪裁，呈现出来的是五个弧度一致的整波。

↑将布叠成10层，然后再沿着布中线画直线剪裁，呈现出来的是四个整波和两个半波，波浪起伏度较大。

5. 拼接对花位剪裁

拼接对花位剪裁首先需要将花位对准，要提前测量好褶皱之间的间距与花位之间的间距，依据对花位的图案来进行布料的剪裁，选择拼接的花位要有一定的相似度，不能太杂乱，拼接密度一定要适中，过密就会导致波浪工字褶的褶皱变得紧凑、紧绷，会使其失去原有的柔软感和舒适感。

由于拼接对花位的剪裁对工艺的要求较高，制作时需要非常谨慎，因此相对应的人工费也会有所提高，在装修后期的窗帘选购中要注意到这一问题。

图解窗帘布艺
设计与制作安装

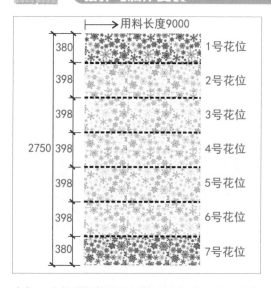

用料长度9000

380	1号花位
398	2号花位
398	3号花位
398	4号花位
398	5号花位
398	6号花位
380	7号花位

2750

↑每一个花位都处于布料的不同位置，将布料按照花位的高度进行排序，会方便对花位的拼接。

↑加上珠花边的波浪工字褶帘头整体会更有曲线感，珠花边可以很好地和波浪相匹配。

↑波浪工字褶帘头的色系与帘身的色系一致，帘头的尾端增缝了一圈白条，可以提亮窗帘整体的色度，使其不至于太过单一。

↑橘粉色和粉红色相搭配的帘身为波浪工字褶帘头增添了一抹俏皮感，纱和布的结合也能带给人们一种很舒适的感觉。

　　不同的剪裁方式，最后所需的用布量也不同，在制作波浪工字褶帘头前，要确定好帘头的剪裁方式，依据窗宽和窗高等确定好基础的尺寸之后下料剪裁，依据所需剪裁出所需的波浪，手捏褶皱成型后，车缝锁边。

　　如果帘头的波浪太厚，在车缝时还要额外在每个波浪的结合处再次手工缝合，这是为了更好地固定住波浪，使之更好的成型，后期也不会容易脱线。如果想要波浪更多一些，可以将波间距设置得小一些，并配上花边。

4.4 波浪双层对位帘头

波浪双层对位帘头指的是将两个相同的波浪工字褶帘头合并在一起，配上花边，使帘头的波浪感更强，这种帘头适用于空间比较大的区域的窗帘，它的制作流程主要分为下料、裁剪、车缝以及锁边，具体步骤除裁剪方式外和波浪工字褶帘头基本一致。

1. 双层工字褶

双层工字褶帘头是波浪双层对位帘头中的一种，它的用布量和工字褶帘头的计算方式一致，大家可以依据以下计算方式进行具体的计算：布宽=窗户的宽度×（2.5~3）。

一般2.5倍适合窗型比较小的窗户，例如单扇立窗窗帘的制作；2.8倍适合大部分窗型，例如落地窗的窗帘制作；而3倍则适用于做窗帘帘头的用布预算。布料的高度大约为整个窗帘高度的1/6，现在市场上常见的大部分工字褶帘头高度基本都在400mm左右。

工字褶帘头造型个数=工字褶帘头用布宽度÷（工字褶帘头波浪的间距＋波宽）（波浪间距依据窗户的宽度和具体的设计图纸来定）

工字褶帘头造型用料宽度=工字褶帘头用布宽度−工字褶帘头边距的尺寸×工字褶帘头造型的个数。

工字褶帘头的波浪间距一般在50~100mm之间，波浪造型的高度一般为整个窗帘工字褶帘头高度的1/3左右，褶边距尺寸一般在60~80mm之间，这些数据在制作之前都应了解清楚。

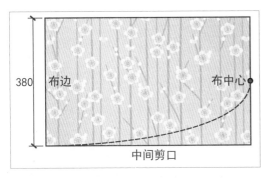

↑波浪双层对位帘头的底层布料裁剪要先画好下剪的弧线，需要多少波浪，就将布料叠成所需波浪数的倍数。

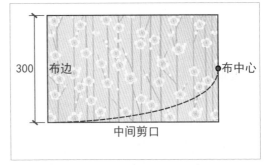

↑波浪双层对位帘头的上层布料剪裁时要和底层布料叠出的层数一样，上下两层布料的高度要控制在60~100mm之间。

波浪双层对位帘头在制作时要提前计算好第一层捏褶所需要的宽度，并且上下两层车缝时要将剪口对剪口叠在一起车缝，然后再车花边或者包边，可以选择珠花边，花边车好之后车上魔术贴或者腰头，整理之后，波浪双层对位帘头就制作完成了。

↑双层工字褶帘头质感上会显得比较厚重，建议选用绸质或者棉质布料，整体感觉会比较柔软。

↑珠花边垂坠感十足，开合窗帘时，会有一种流动感，可以很好地体现波浪双层对位帘头的特点。

2. 一层平褶一层波浪

波浪双层对位帘头还有一种形式就是一层平褶一层波浪，这种形式层次感较双层工字褶更强，在制作时既要体现平底工字褶的设计特点，也要兼具波浪双层对位帘头的起伏感，其制作步骤和双层工字褶帘头基本相似。

制作可以按照双层工字褶帘头的做法算料、剪裁，要注意第一层高度比底层短50mm，然后将上层剪出所需要的波浪个数，底边包好边，将上下两层分别捏褶。捏好褶后，将上下两层缝合在一起，并车上腰头，最后将窗帘绳子做成6个蝴蝶结的式样，用胶枪粘在腰头处，至此，一层平褶一层波浪的工字褶帘头制作完成。

图解小贴士

波浪双层对位帘头在设计时一是要讲究对称的原理，二是要与帘身整体协调统一，对比是艺术设计的基本定型技巧，即把两个明显对立的元素放在同一空间中，经过设计，使其既对立又谐调，既矛盾又统一，在强烈反差中获得鲜明对比，在帘头的设计中则体现在上下两层帘头的色彩对比和褶皱对比上；和谐是在满足功能要求的前提下，使物体的形、色、光、质等组合得到谐调，成为一个非常和谐统一的整体。帘头的和谐感体现在上下两层布料与帘身的质感统一，让人们的轻重感比较和谐，使人们在视觉上、心理上获得宁静、平和的满足感。

↑波浪在上，平褶在下，波浪的色系要和平褶的色系互为补色，波浪的明度要高于平褶，这样可以很好地体现一种层次感。

↑波浪的弧度方向可以朝上，也可以朝下，具体依据个人爱好来定，平褶建议选择单一色，波浪的色系和花型可以更多样化。

↑双层帘头可以是百合花形褶皱和波浪褶皱的结合体，在百合花形的褶皱上还可以增加小花作为帘头的饰品，也可以很好地提升帘头的整体美感。

↑双纱质的双层对位帘头，上层的波浪设计比较宽松，垂坠感比较明显，粉嫩的色系，少女感十足，使得窗帘整体不至于太过呆板。

图解小贴士

在制作完成波浪双层对位帘头后可以利用剩余的布带对帘头进行再次的装饰，为了使窗帘整体显得不那么头重脚轻，在设计帘头时要规划好帘头的高度以及波浪的紧密度，要从整体出发，帘头的所有相关尺寸都要以窗户的大小为参考，色系、材质、明度、风格等都要与窗帘以及空间整体相搭配。另外，在进行帘头的剪裁时，要控制好上下层之间的高度差，并保证其他波浪的高度差也是一样的尺寸。

4.5 波浪双层错位帘头

　　波浪双层错位帘头的制作流程和波浪双层对位帘头基本一致，用布量相差不会太大，两者的区别在于缝合的形式不一样，对位帘头会给人一种纵向的层次感，一般两层帘头的色系都基本一致，面料触感也基本相同；而错位帘头则给人一种横向的层次感，两层布料可供选择的色系较多，可以选择相近色、对比色以及互补色，但要注意，在选择对比色时，对比程度要适宜，不建议用色彩对比非常鲜明的颜色。

　　首先是按照倍数计算好帘头的下料宽和下料高，然后叠出需要的波浪个数，将下层布从布中间剪开，上层布从布边剪开，依据设计图纸剪裁好弧度后，打上剪口，然后捏褶。捏好褶后，将剪口对剪口叠在一起进行车缝，然后包边。将上层包好边后，用熨斗将其烫平，除此之外，还可以对花位剪裁出波浪，如果布料太薄，可以在原来的基础上加一层布衬，最后车上荷叶边及腰头，也可以贴上魔术贴，至此，波浪双层错位帘头制作完成。

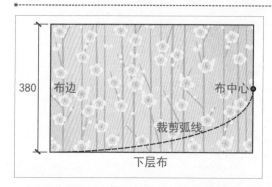

↑ 制作波浪双层错位帘头时，下层布剪裁沿布中心的弧线裁剪，具体弧度参考设计裁剪图纸。

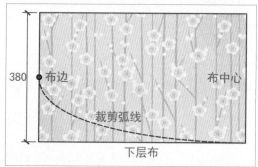

↑ 波浪双层错位帘头的上层布沿着布边的弧线剪裁，剪裁位置和下层布是一个镜像对称的关系。

　　波浪双层错位帘头的设计可以是一层平褶一层波浪，也可以是一平一皱的工字褶。一层平褶一层波浪的帘头样式和双层对位帘头有些相似，都是波浪在上，平褶在下，但是双层错位帘头的波浪高度和平褶的高度是一致的，所用的布料也比较多，颜色的选择也更多样化。

　　一平一皱的工字褶则是由平底工字褶和平波浪组成，此处的波浪不再是褶皱的形式，而只是底边是波浪，上层是平布。上层平布的下料主要是根据窗户的宽度以及帘头的高度来定，为了使平布看起来不单一，也会有人选择在平布上缝装饰物。

 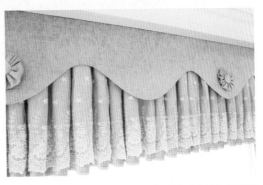

↑上层平波浪的色系选择和帘身一致，下层平底工字褶的色系较素雅，和上层平波浪互成补色。

↑上层平波浪和下层平底工字褶的布料触感要保持统一。

窗帘不同的安装方式

类别	适用范围	特点	备注
帷幔帘悬挂法	适用于对家居装饰要求高的家庭	纱质比较柔软，缥缈感十足，视觉效果较好	帘头会更多的增加装饰花边
百褶式挂法	适用于小面积的窗户，或需要有安静环境的空间	帘身可以是单层，也可以是双层，单层有一种朦胧美，双层起到隔音效果	这种安装方式能营造出一种飘逸大气的空间感
平直式挂法	适用于卧室、浴室等大众空间	安装简单，可以自己去动手，比较经济实惠	需要选择适宜的套环，并且定孔要准确
罗马帘挂法	适用于立窗或者单扇窗	能随天气变化调整窗帘的开合，使用方便，能加强窗户的立体感	使用人群较多

窗帘帘头样式多变，比较常用的有抽带帘头以及水波帘头等，其中水波帘头和抽带帘头又可以细分为很多种，这些帘头个性化十足，每一款都有自己的特色。除此之外，还有一些比较有特色的帘头，例如高升波帘头、波旗混合帘头、蝴蝶波帘头等，这些帘头使用频率较低，大家可以适当地做一些了解。

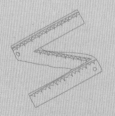

Chapter
个性化帘头

识读难度：★★★☆☆

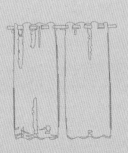

5.1 韩式抽带帘头

抽带一般用于加工帘头或者帘头做造型时也会用来抽褶皱，利用抽带做出来的褶皱比较自然细密。韩式抽带帘头即是选用抽带抽出褶皱，它的款式比较简单，使用率比较高。

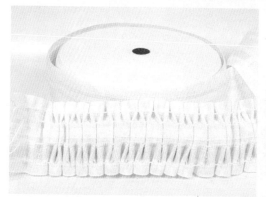

↑抽带加工速度快，制作方便，对车工和剪裁的技术要求都不高，常用的抽带有二线抽带、三线抽带和四线抽带。

↑韩式抽带帘头适用于卧室、飘窗、儿童房等场所，主要用于清新的田园风格，一般采用薄纱或者比较轻薄的面料来制作。

要制作韩式抽带帘头，首先我们要依据需要计算出用料，然后才能依据设计图纸进行下一步的剪裁，韩式抽带帘头主要是要计算抽带的倍数、抽带帘头的下料宽、下料高等，有时还需要计算拼接用料。抽带倍数＝抽好褶皱的抽带长度÷没抽褶皱之前的抽带长度。抽带倍数计算好之后可以先量出1m长的抽带，然后再依据设计图纸抽出合适的褶皱，这样可以节省时间。抽带帘头下料宽度=成品帘宽度×抽带倍数；抽带帘头下料高度：水平帘头=成品帘宽度×1/8；波浪帘头=成品帘宽度×1/7，帘头下好料之后依据设计图纸剪裁出波浪，并将布边处理好，可以包边或者车花边，以此来装饰帘头，然后将抽带垫在布背面车缝，有几线抽带就车几条线。车好抽带后依据需要抽出褶皱，最后车好选定的魔术贴。

图解小贴士

初次使用平缝机时要多练习，了解机器的型号、特点以及安全操作规范，坐姿要正确，一般建议臀部坐在凳面2/3的面积，这样会比较舒适，不会妨碍双脚正常操纵，也不会影响上身以及人双手进行缝纫工作。

韩式抽带帘头在剪裁面料时有不同的剪裁方式，每一种剪裁方式的用料都会有些许的不同，主要的剪裁方式有直接剪裁、横向拼接剪裁以及纵向拼接剪裁，大家可以依据实际情况来选择剪裁方式。

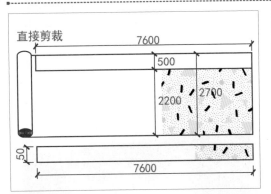

↑直接剪裁的方式简单快捷，适合布料有其他用途的情况，一般批量生产的情况下会采用直接剪裁的方式。

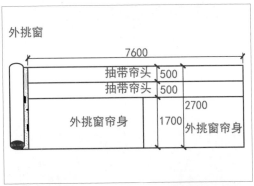

↑外挑窗窗帘用韩式抽带帘头的时候也可以选择直接剪裁的方式，剪裁时依据设计图纸操作即可。

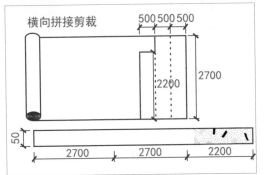

↑横向拼接剪裁可能会有很多结头，其计算方式包括：拼接条数=幅宽÷下料高；用布量=下料宽÷拼接条数。

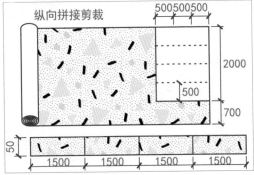

↑纵向拼接剪裁可以剪出高度一致的布料，这种剪裁方式会影响布料垂感，其计算方式包括：拼接条数=下料宽÷幅宽；用布量=拼接条数×下料高。

韩式抽带帘头和韩式褶皱帘头一样，都具有很明显的韩式风格特点，它们都适合选用比较柔软，触感比较柔滑的面料，例如棉质、棉麻质以及纯麻质等面料，其中化纤面料的垂感最好，视觉效果也最好。韩式抽带帘头整体比较自然，一般都会采用比较清爽、活泼的颜色，例如淡粉色、浅蓝色等颜色。

由于抽带本身自带有褶皱，在日常使用过程中要经常清洁打扫，可以用掸子扫除帘头表面的灰尘，必要时可以将帘头取下来进行更深层次的保养与清洁，延长其使用寿命。

5.2 抽带水波帘头

抽带水波帘头的制作主要会运用到二线抽带，它是利用抽带抽出自然的褶皱，从而形成一道道的波纹，这种款式的帘头在视觉上会给人一种自然、随性的感觉，比较适合美式田园风格。

↑田园风格以及浪漫风情风格等会经常用到这种抽带水波帘头，一般选择比较柔软的面料，视觉上波浪感会更强。

↑抽带水波帘头用于客厅的窗帘时，一要选择厚度适中的面料，二是帘头色系选择较正的颜色，在帘头的底边加其他补色，中和纯色的单调感。

数据分析是制作抽带水波帘头很重要的一个环节，我们在制作之前要依据公式计算出帘头的用料，然后依据需要进行设计规划。水波的肩宽＝总波宽×1/3；水波的山宽＝总波宽×1/3；水波的弧差值＝裁布高×1/5。依据公式计算出水波的各部分数值后，我们要依据设计图纸进行剪裁，剪裁时弧度要控制好，然后将二线抽带沿水波的肩、山、肩进行车缝，车好抽带后，将抽带抽出需要的宽度，使帘头看起来具有美感，在帘头边车上荷叶边或花边，最后将水波组合成所需的宽度，车上腰头或魔术贴，至此，抽带水波帘头制作完成。

图解小贴士

窗帘魔术贴指的是窗帘上常用的一种连接材料，可以分为子、母两面，魔术贴一面是比较细小柔软的纤维，触感比较平滑；另一面则质地比较硬，会有一些像小毛抓的东西，手触碰上去，会有轻微的疼痛感。

由于魔术贴拆卸方便，因此它在很多样式的窗帘中都会有运用到，一般使用魔术贴时带钩的刺毛是车在窗帘的上方的。

5.3　正圆水波帘头

正圆水波一般呈半球形，所以它又被称为半球波、圆波、横波以及月亮波等，正圆水波沿中轴左右对称，圆中带方，是一款比较受欢迎的水波，使用率比较高，颇具中国特色。

↑无水波叠加的正圆水波帘头制作要简单一些，注意要控制好波间距，褶皱弧度也要控制好。

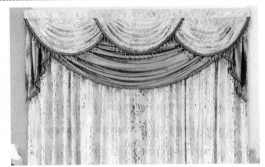

↑正圆水波帘头采用叠加方式制作时要控制水波与水波重叠位置的叠加大小，尽量保持一致。

正圆水波帘头主要是由肩、山、波高以及波宽组成的，水波打褶皱的地方称之为波肩，中间的位置称之为波山，在制作正圆水波帘头时要根据窗户的大小来确定要做几个水波以及水波要做多大，一般波高会随着波宽的变化而变化，波宽要控制在600～1200mm之间，波宽太大会导致制作的水波呈现的效果不美观，这一点一定要注意。

波宽与波高的尺寸变化表						
波宽(mm)	60	70	80	90	100	110	120
波高(mm)	45	50	55	60	65	70	75

在制作水波前，先要熟悉水波的方位名称，这样会比较方便计算、剪裁以及制作时各个工序的配合。正圆水波帘头在下料排版时要依据实际情况选择好剪裁方式，一般在制作水波时，为了达到最好的效果，使水波褶更流畅，通常建议使用45°斜裁的方式排料，个别情况可以用直裁的方式去排料。直裁相对斜裁来说，要注意直裁制作的水波褶皱会出现棱角。

在剪裁时要注意必须保证布料是斜纹的，使用直纹布料剪裁，水波是不成型的，可以选择标准的三角尺（塑料的或者不锈钢的）进行数据测量。

下面介绍相关的计算公式，大家可以依据这些公式求得自己想要的数据，依据公式计算出水波的个数、宽度和高度后，就可以计算水波剪裁时的各个数值了。

水波宽={（成品帘宽-旗所占宽）+[（水波个数-1）×叠加位个数]}÷水波个数

水波高=帘身高×1/6

山宽=总波宽×1/2

裁布宽=总波高×2

正圆水波帘头的裁布宽可以采用拉绳测量法测量，拉绳测量法是利用绳子，将其弧成和正圆水波帘头一致的弧度，从而计算出裁布宽的一种方式，利用这种方法，我们可以很快速地得到裁布宽。

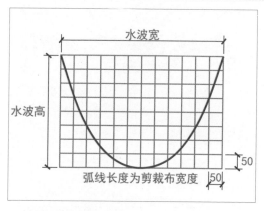

↑依据拉绳测量法快速的计算出裁布宽，要注意，在绘制测量表格时方格的四边长度要一致。

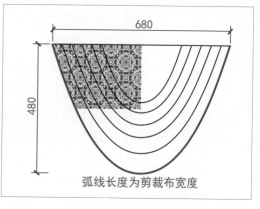

↑确定了水波高和水波宽，然后按照拉绳测量法计算用料，会节省不少制作时间。

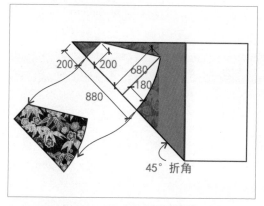

↑我们在计算出水波各部位的用料后，要依据排版图将布料折叠，然后再依据需要进行剪裁。

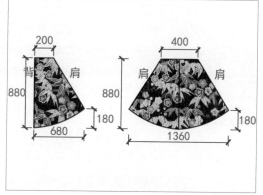

↑此图为剪裁出的布料，水波的两肩尺寸是一致的，在剪裁时要注意，另外弧差值要提前确定好，因为弧差值影响着水波的起伏度。

测量出相关的数据后，可以利用这些数据绘制出正圆水波帘头的裁剪图，这样也有助于后期的制作与整理。

绘制正圆水波帘头的裁剪图首先要测量单个波的用料，并沿斜纹折叠布料，保证毛边位置垂直，在毛边垂直于折叠位置处绘制半山、延伸值以及裁布高；其次是向半山方向绘制弧差，裁布宽向外延伸8cm做辅助点，再在垂直裁布高方向绘制裁布宽。

裁布宽要记得向下回退5cm，用画笔连接裁布宽与8cm辅助点处并找到中点，然后用弧线连接中点与裁布高，并连接上线，用直尺在上线上找到所需的点位，然后连接下线，用直尺在下线上找到所需的点位，将点依次进行连接，至此裁剪图绘制完成。

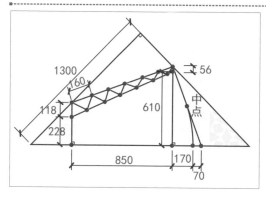

↑此图为绘制好的裁剪图，图中上下斜线上的红点要相互连接，可以用粉笔将其特别标识出来。

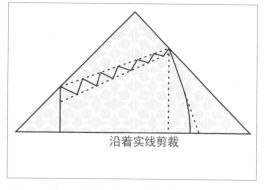

↑此图为最后裁剪时的大样图，裁剪时依照实线裁剪，要注意留好车缝边距。

↑由于毛边位置测量的数据比较准确，裁剪布料时要以毛边方向为基础，测量单个波的用料。

↑保证斜纹裁剪，将布料叠成三角形，折起来后毛边用三角板的直角端确保垂直，然后将布料铺平。

图解小贴士

绘制正圆水波帘头的裁剪图时，一定要注意检验各方面尺寸是否已经测量准确，例如裁布宽、裁布高等，下剪时弧度一定要控制好，否则裁剪出来的效果可能水弧度不一致，会影响窗帘整体的美感。

↑沿弧线位置剪裁布料的时侯，要在弧线的边缘预留1cm左右的缝口，这样才方便后期缝纫水波。

↑沿着上下线的痕迹裁剪其他位置时，可以不用预留缝口，但要注意沿线剪裁时要对准先前绘制好的白线。

在剪裁后的弧形位置要记得锁边，其他位置可以不用锁边，锁边之后将布料的褶皱熨烫平整，这是为了方便车缝正水波，要在凹下去的位置捏褶车缝水波，捏褶时两条边都要对齐，并与山的位置平齐。

正圆水波帘头适合于各种风格的窗帘，但在选择帘头的原料布时要注意与帘身相搭配，色系以互补色为主，也可以统一色，帘头上方可以添加珍珠或者流苏等装饰物，既能使帘头在视觉感官上更精细唯美，大气又不失细腻，也会给人一种典雅高贵的感觉。

当然，如果正圆水波帘头用于现代简约风格，还是建议原料布选择比较干净、清爽的颜色，例如米白色、淡蓝色等。

在帘头的小装饰物选择上都要尽量以简洁为主，甚至还可以不去加装饰物；用于田园风格时，还可以在帘头添加以饰带打结成的小花，与帘身的小碎花也正好可以相呼应，给家中一种舒适感。

图解小贴士

不同的缝纫方法，形成的水波也会有不同，一般水波缝纫主要有两种方法：

第一种是横向缝纫法，所形成的是半圆水波，也被称为横向水波。这种缝纫方法是以水波上线做依据向左右侧两边进行缝纫，从外形来看是半圆形的波浪，因此被称为半圆水波。这种水波节省布料且设计比较灵活，裁剪好的水波能在一定的范围内调整其宽度和高度，是最常用的一种水波，杆式水波也是在这种水波的基础上制作而成的。

第二种方法是纵向缝纫法，它是以水波上线做依据由上到下一褶一褶地往上折，所以形成的是纵向水波。这种水波的裁剪方法比较简单，裁剪好的水波能在一定的范围内调整高度，但不能调整宽度，有一定的局限性。另外，在布料有弹性的情况下，这种水波的缝纫宽度比较难掌握，不是很常用，一般都是改进型的两点固定式水波，在大厅、走廊、酒店、会所的公共场合会经常用到。

5.4 镂空水波帘头

镂空水波帘头是在正圆水波帘头的基础上演变过来的，整个水波中心的位置进行了镂空处理。这种水波一般都需要和窗帘的平幔、窗幔搭配使用，以此来缓冲镂空带来的空白感。正圆水波与镂空水波最大的不同就是镂空水波有镂空宽和镂空高，山的宽度是按照镂空宽和镂空高拉绳测量出来的，并且两者裁布高的算法也不相同，在制作时要格外注意。

以下为镂空水波帘头各部位用料计算方式。

总波宽={（成品帘宽－旗所占宽）+[（水波个数－1）×叠加位个数]}÷水波个数，叠加位等于肩宽；总波高=成品帘高÷6；肩宽=按照总波宽来设定；镂空宽=总波宽－肩宽；镂空高按照需要设定，通常设定在总波高的一半内，并且波高不能小于肩宽。山宽=镂空宽与镂空高拉出的绳长；裁布高=（总波高－镂空高）×3；裁布宽=总波宽与总波高拉绳测量的宽度。

↑镂空水波帘头两边会有边旗做装饰，适用于窗型面积较大的落地窗，可以让整体感觉比较大气。

↑镂空水波帘头搭配平幔时，平幔应选择较亮颜色，虽然和帘头为同一色系，但也可以挑选别的颜色。

图解小贴士

水波幔和罗马幔都是波形幔，两者区别在于水波幔为水平波幔，罗马幔为搭波式波幔，两者的计算方式是一样的，计算时要注意先确定好波形和旗子的制作数量。

同一种窗帘，看久了都会产生视觉疲惫感，我们可以利用家里剩余的布料做一款合适的镂空水波帘头，让整个窗帘焕然一新。

1. 画线

和先前介绍的帘头制作步骤一致，首先便是按照计算公式预留出相应的尺寸，然后依据这些尺寸进行画线。在画线的时候要把帘布平摊开，这个时候一定要保持帘布四个角都是都是直角，可以用直角三角板测量四个边角是否均已经垂直。

卷底边的尺寸要预留在120~150mm，然后以主花为基点先向上再向下画平行线。预留2cm的缝口，其他边也是如此画线。

2. 拼接布料

为了使帘头更富有视觉美感，我们可以将配好色之后的布拼接在一起，拼接时要保持布片大小一致和高度一致，然后再根据镂空水波帘头的做法中画线的位置进行卷边。

3. 车花边

基础拼接完成后，帘头已经基本成型，可以车上花边，在车边的时候主要缝口的宽窄一定要一致，线迹要尽量走均，这样最后制作出来的帘头才会整齐，也才会更加的美观。

↑在车花边的时候要注意不能用力的拉扯，而应该顺着缝纫机的走势去将布带轻轻地往前推，使得花边整齐。

↑车缝花边时，为了使花边更牢固，可以加入无纺布，但要遵循打孔装120mm无纺布和打褶装80mm无纺布的原则。

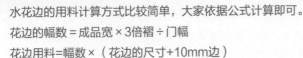
图解小贴士

水花边的用料计算方式比较简单，大家依据公式计算即可。

花边的幅数=成品宽×3倍褶÷门幅

花边用料=幅数×（花边的尺寸+10mm边）

4. 确定主花位置

帘头的主花要位于帘头的中心位置，定好帘头的中心可以很好的保持住主花位置的主体地位，在定中心的时候需要依据花位中点在无纺布带上标出主花的位置，然后再将每个点进行对折后叠成方块状。

5. 熨烫

为了使帘头看起来更精致美观，可以在镂空水波帘头制作好之后进行整烫，整烫时一定要将拼接的缝头烫开，并且拼纱的位置在整烫的时候一定要注意隐藏缝头，镂空水波帘头自然产生的褶皱部分就不需要进行整烫了。

6. 保养与清洗

帘头制作完成之后，一定要注意经常保养，一般应该每周洗尘1次，尤其注意要去除织物结构间的积尘，如果帘头沾染上了污渍，可以用干净的抹布蘸水拭去，为了避免留下印记，最好从污渍外围抹起；如果帘头的线头松脱，要记住不能用手扯断，应用剪刀剪齐。另外帘头洗涤干净后还可以用牛奶浸泡1小时，然后再洗净自然风干，浸泡后的帘头颜色会更加鲜亮，但要注意不可漂白。

↑检查花位是否定位正确的方式就是看每个折的大小是否一致，中心位置定准确之后才可以开始打孔。

↑不同面料的帘头有不同的清洗方法，例如普通面料帘头可用湿布擦洗，但易缩水的面料或进口高档面料建议选择干洗。

图解小贴士

高升波的水波是指一个肩向上拔起，从而形成高低落差，这样的落差使得圆润的水波弧线被成倍的夸大，让人眼前一亮，高升波比较适用于别墅高窗，它能很好的表现出豪华与尊贵的感觉，很多别墅以及层度非常高的窗户的窗帘都会经常用到，是窗帘设计师经常会选择的一种帘头款式。

5.5 上褶波帘头

上褶波帘头是窗帘市场上占有率最高的一款水波，由于制作时需要向上折叠车缝，所以大家习惯叫它上折波。上褶波一般由两个以上的水波肩并肩连接处理而成，远远望去就像是一块布料制作而成，因此又被称之为排波。上褶波跟正水波之间最大的区别在于水波的肩一个是横在腰头里面，另一个是立在水波两侧，上腰头时也会因为这种区别使得大部分人更愿意制作上褶波。

1. 普通上褶波帘头

要制作上褶波帘头，首先要了解其制作需要计算哪些部分，主要有山、肩高、弧高、裁布高以及裁布宽，了解清楚这些部分的用料，接下来的制作就很简单了。以下是上褶波各部位的计算方式。山=总波宽；肩高=水波高×1/3(或者1/4)；弧高=总波高-肩高；裁布高=总波高×2.2倍；裁布宽=弧高与总波宽拉绳测量出来的数值+50mm。

↑制作上褶波帘头时应搭配相对应的窗幔，上褶波帘头褶皱较多，可以留点间距，方便清洁。

↑为了更好的呈现上褶波帘头波浪的流畅感，建议选择硬度适中的面料。

图解小贴士

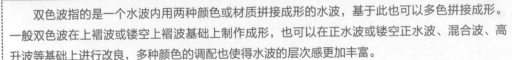

双色波指的是一个水波内用两种颜色或材质拼接成形的水波，基于此也可以多色拼接成形。一般双色波在上褶波或镂空上褶波基础上制作成形，也可以在正水波或镂空正水波、混合波、高升波等基础上进行改良，多种颜色的调配也使得水波的层次感更加丰富。

2. 镂空上褶波帘头

镂空上褶波帘头是在上褶波的基础上将镂空的区域最大化至波宽，垂落的波浪对应露出花纹的平幔，是时下比较流行的一种帘头样式，需注意的是，镂空上褶波帘头是无法上腰头的，需要依附平幔完成。

镂空上褶波帘头在计算用料时主要计算内容包括有镂空宽、镂空高、山宽、肩高、弧高、裁布高以及裁布宽，下面说明镂空上褶波帘头的用料计算方法。

总波宽=(成品帘宽−旗宽）÷水波个数

总波高=成品帘高÷6；镂空宽=总波宽

镂空高依据波形设定；肩高=总波高×1/3（或者1/4）

弧高=总波高−肩高；山宽=镂空宽与弧高拉出的绳长

裁布宽=镂空宽与弧高拉出的绳长；裁布高=（总波高−镂空高)×3。

↑粉色系的镂空上褶波帘头摒弃了以往沉闷的风格，提亮了整体空间的色度，给人一种浪漫舒服的感觉。

↑由布料制作而成的珠边更能和镂空上褶波帘头相搭配，色彩不同的珠边一方面与帘身相呼应，另一方面也减轻了褶皱帘头的沉重感。

图解小贴士

凤尾波帘头的外观轮廓为正水波，但它的内部结构却呈现了不对称性，并且每道波的重心呈现层层梯进的状态，让人在视觉上觉得与凤凰的体态有一定的相似感，又因为凤凰乃是中国古代的百鸟之王，象征着吉祥如意的寓意，因而凤尾波帘头在窗帘市场上很受推崇。

窗帘从布料选择到最后的制作安装，中间少不了要购买各项东西，例如布料、窗帘的小部件等，这些是一个精美的窗帘所必备的。购买之前，我们要了解这些构件的作用是什么，以及需要注意的事项。比如，针对不同的窗帘类型，要选择适合的面料，不仅要考虑美观性还要考虑其实用性以及经济性，最好能货比三家，多番考虑再进行选购。

Chapter 6
窗帘的选购

识读难度：★★☆☆☆

6.1 相关配件

窗帘的相关配件主要包括窗帘明轨、窗帘暗轨、窗帘壁架、挂钩配件、铅坠以及钩子等，不同类别的配件价格也不一样，了解这些配件能够帮助我们更好地去选购窗帘。

1. 窗帘明杆

窗帘明杆属于窗帘轨道的一部分，材料一般以金属和木质为主。金属杆搭配丝质或纱质的装饰布，可以用在卧室中，能产生刚柔反差强烈的对比美，而木质雕琢杆头，则给人一种温润的饱满感，因此选择窗帘明杆的时候要注意与窗帘风格相搭配。

现在比较常用的是罗马杆，由于制作材质的不同，罗马杆又被分为很多种，罗马杆安装方式的不同，导致其所需要的安装配件也会有所不同，因而在选购时要提前确定安装方式。

罗马杆的分类及特点	
类 别	特 点
铝合金罗马杆	适用于双轨安装和单轨安装，使用寿命较长，材质比较厚实，耐腐蚀能力强，不易变形，搭配方便，颜色样式比较丰富
塑钢罗马杆	承重力强，价格实惠，但使用寿命不长，容易开裂
铁艺罗马杆	外观美观，可塑性强，质量比较牢固，但颜色比较单一，且容易锈蚀
实木罗马杆	牢固耐用，有质感，比较美观大气，但价格较贵，品质不好的实木罗马杆容易变形，产生虫蛀
加强静音罗马杆	科技化，拥有纳米消声条，具有很好的降噪作用
欧式罗马杆	款式华贵，价格昂贵，适合搭配欧式古典风格的窗帘

罗马杆主要包括轨道杆、轨道头、支轨、吊环、螺丝以及膨胀螺栓等。一般情况下罗马杆的价格是已经包含这些配件的，例如一米轨道25元，如果你需要2米，那就是50元，这50元就是已经含有所有配件的价格了。

罗马杆的制作材料一般是合金塑胶、象木合金塑胶、蓄光合金塑胶、铝合金、碳钢、碳钢包塑、铁艺等，从质量上来看铝合金罗马杆比较好，选罗马杆的时候要选择承压力比较大的产品；从价格上来看蓄光合金塑胶最贵。

2. 窗帘暗轨

窗帘暗轨也被称为窗帘滑轨，安装方式比较灵活、占用空间小，一般安装在窗帘盒中，也有的用帘头将窗帘滑轨遮盖住。窗帘暗轨依据其形态的不同，又被分为直轨和弯曲轨，是近几年比较常用的一种窗帘轨道。

◆（1）直轨：窗帘直轨是现在很常用的一种轨道，主要由道轨、走珠以及轨码组成，道轨可根据要求做成单层、双层以及三层。单层轨适用于布帘，双层轨比较适用于布帘配纱帘，三层轨适用于布帘配纱帘及帘头。

◆（2）弯曲轨：道轨为弯曲形，由道轨、走珠以及轨码组成，主要适用于异性状的窗户，例如弧形窗户、直角窗户、八角窗户以及圆形窗户等。

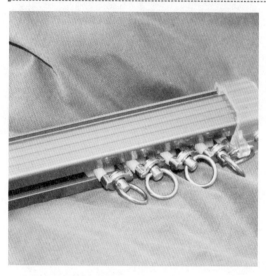

↑直轨主要适用于比较常规的窗型，例如立窗、两扇推拉窗等，在选购时首先要看直轨是否匹配窗型，然后再从质量上来进行选购。

↑弯曲轨适用于飘窗、L型窗等的窗帘，有单轨和双轨的区分，在选购时建议选择消音的材质。

选购窗帘暗轨的关键在于使用是否安全，启动是否便利，以及材料的厚薄度如何，这些都是需要多番考虑的。现在市场上比较常用的是伸缩轨，它使用方便，长度可任意调节，材质上有铁制伸缩轨、铝合金型钢伸缩轨以及塑钢伸缩轨等，在选购伸缩轨时要重点注意伸缩接口处是否粘结牢固，有无开裂现象等。

伸缩轨的接口处理决定了窗轨的使用寿命，如果接口处理得不好，使用时则会磨损滑轮，从而影响窗帘的开合。另外，由于弯曲轨适用的窗型比较特殊，从材质上大致可分为铝合金弯轨和塑钢弯轨两种。选购弯曲轨时要注意弯曲轨材料的厚薄度是否符合标准，其厚薄度会影响弯曲角度的大小以及承重的大小，因而要多多注意。

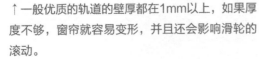

↑一般优质的轨道的壁厚都在1mm以上，如果厚度不够，窗帘就容易变形，并且还会影响滑轮的滚动。

↑一般滑轮的材质是ABS和POM的，在选购时建议选择POM的滑轮，POM是耐磨性很强的树脂材料，使用寿命比较长。

除此之外，在选购塑钢窗轨时还可以从以下几点来判断其质量的优劣。

1. 开合是否有噪声

窗帘开合时声音的轻重程度决定了窗轨质量的优劣，优质的塑钢窗轨在拉启时声音仅在43dB左右，基本不会形成噪声，但劣质产品开合时声音却很大且使用寿命短。

2. 开合是否顺畅

窗轨拉启的流畅度、滑轨的强度和承重力是我们在选购时必须要注意的几点，优质塑钢窗轨的滑轮可承受48N的拉力，即使在负荷5kg的情况下，拉启上万次仍然轻滑流畅。

3. 是否平整

优质的塑钢窗轨造型美观，表面平整，规格误差一般小于0.15mm，即使在加热至150℃的情况下仍然不会产生气泡和裂纹，也不会有变形现象发生，内外壁依旧平整。

4. 安全

优质的塑钢窗轨的承受冲击程度、拉伸强度、氧指标、断裂伸长率以及耐热性均应达到国家标准。

滑轨可以选择墙壁安装或者天花板安装，因此不仅可以安装在窗前，用于悬挂窗帘，而且可以在房间中间的天花板上安装，使用窗帘、线帘或者珠帘作为房间的隔断，能起到保护隐私及装饰的作用。

3. 挂钩及配件

窗帘的挂钩有很多种规格，设计风格独特、做工精致、款式新颖、花色繁多，适合搭配各种尺寸窗帘杆使用。其中以布叉钩和树脂挂钩为主，两者的风格和材质都不同，布叉钩以金属为主，实用性比较强；树脂挂钩以树脂制造为主，具有很好的装饰性，能满足个人的装饰风格。在选购时要选择那种承重力比较好且不易生锈的挂钩，否则会影响窗帘质量和美观。

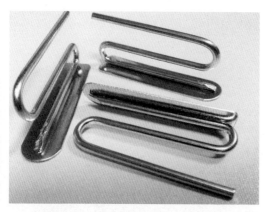

↑不锈钢窗帘挂钩的价格比较适中，防腐、防锈性能较好，承重能力强，适合带有帘头的落地窗。

↑铁艺类窗帘挂钩的钩头款式比较美观，但价格较贵，在选购时要看其是否符合防锈标准，是否有做防腐、防锈处理。

↑窗帘开口环主要分为塑胶环和金属环，一般是用手工扣合和机器铆合，使窗帘布穿套悬挂到窗帘杆上，选购时主要看其承压力。

↑铁艺窗帘杆头样式新颖，款式多样，艺术性比较强，在选购时要注意选择防腐、防锈性能比较强的。

↑树脂罗马环质地比较轻盈，也比较环保，一般适用于轻薄型的褶皱窗帘，选购时也要注意其承压力。

↑金属罗马环承压力比较强，适用于大部分窗帘，在选购时尽量选择环型直径较大的，有利于窗帘的开合。

↑窗帘挂钩夹子一般建议在一米范围内挂七个，咬合力属于中等水平，适用于款式比较简单的小型窗帘；选购时主要观察其夹口的咬合力度。

↑循环拉珠控制器主要用于卷帘，选购时主要看卷轮是否有开裂，拉绳上的珠子是否黏合牢固，拉合时是否顺滑无噪声等。

循环拉珠控制器的两螺丝孔之间的距离一般为35mm，金属烤漆支架宽度一般为50mm，金属烤漆支架可以开合更换，拉绳一般会加粗，这样更结实、耐用。它可以用于顶装，也可以侧装，其中顶部安装时支架离地在2.9m范围内的，可选用1.7m长拉绳，安装支架离地在3.6m范围内的，建议选用2.4m长拉绳，绳长是指对折后的长度；侧装时要依据实际情况调整拉绳角度。

4. 窗帘壁架

窗帘壁架的作用在于将墙与窗帘轨道或罗马杆连接起来，与窗帘杆连接在一起使用。主要用于承接窗帘布的重量，属于传统的欧洲工匠手工工艺制品，有着古朴、典雅、粗犷的艺术风格和悠久的辉煌历史，工艺简便，经济实惠。

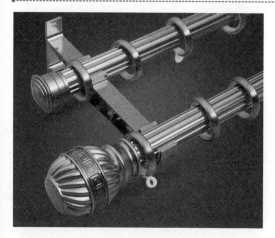

↑金属类的窗帘壁架外观圆滑且反光感强烈，质量良好，可以在多套模具上使用，实用性较强，一般推荐选购这种壁架。

↑木制类的窗帘壁架经过人工打磨后可以跟金属类的外观一样圆滑，风格比较质朴。木质类使用过久会掉色，在选购时要看其是否有做防掉色处理。

窗帘壁架在日常使用中很容易被忽略，但从窗帘使用的安全性出发，我们不得不重视窗帘壁架的选购，主要可以从以下几个方面入手。

首先是从窗帘壁架的材质上来选购，要选择材质坚固，经久耐用的。比较推荐的是纯不锈钢壁架，承压力足够，安全性能高，但价格较贵；塑料壁架容易老化；木制壁架容易蛀蚀、开裂，长时间悬挂较为厚重的窗帘布容易弯曲且开合窗帘有阻碍；铝合金壁架颜色单一，时间一长很容易开胶，承重力较差也不耐摩擦；纯铁制壁架如果后期表面处理不当，很容易掉漆。

然后是从窗帘壁架的做工来看，一般来讲支架与墙壁的接触面要大，挂起来才会稳定，所配的螺丝要长短适宜，咬合力才会比较好，壁架的各部位黏合要紧密，没有开裂现象，颜色要比较亮丽，触感比较光滑。

最后是要与窗帘杆相匹配，窗帘壁架的尺寸有很多种，目前比较常见的有25mm、26mm、28mm、32mm及35mm这几种。壁架的尺寸不同，对应的窗帘杆的直径也不同，壁架的直径越大，相应的窗帘杆的直径也越大。使用频率比较高的直径为28mm的窗帘壁架，它适用于大部分窗帘，但穿孔的窗帘比较特殊，需要选择32mm以上的直径并且要配上特制的大吊环。

6.2 布料

　　窗帘布料是制作窗帘不可缺少的一部分，可以说没有布料，就没有窗帘。不同材质的布料适用于不同类型的窗帘，使用者的要求以及使用范围也会对布料有不同的要求，在选购时要分情况进行选购。

1. 从材质上来选

　　在选购窗帘时我们必须要了解窗帘布料的薄厚、纤维构成以及是否进行过特殊处理，这些对今后窗帘的使用会产生很大影响，在选购窗帘的原料布时要重点注意。

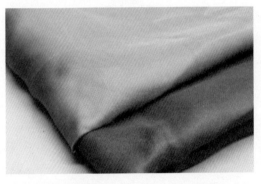

↑天然纤维的面料质感比较好，而且触感适宜，但是耐高温能力较差，一般建议选择人造纤维，价格适中，抗皱性以及耐变色性都很不错。

↑麻质面料垂感比较好，纹理感强，比较耐拉扯，使用寿命较长，价格也比较适中，一般建议选用。

↑棉质面料质地较柔软，手感好，选购时要看是否有拉丝，颜色的明亮度如何等。

↑真丝面料较高档，是天然蚕丝构成，比较自然且层次感强，价格较昂贵，选购时要辨明正品。

　　另外窗帘布料必须满足其基本的性能要求，这一点可以在布料的出产标识上查看，主要查看的内容有防火标准、防火等级、有害物质含量、环保标准、功能、工艺作用以及甲醛含量等。

　　窗帘布料的防火标准必须达到国家一级标准，近几年来，火灾事故频有发生，我们在选购窗帘布料时必须保证其安全性，毕竟窗帘是在建筑空间中大量使用的基本物；窗帘布料的防火等级必须达到GB/T 5455—1977标准中的M1、B1级，布料中有害物质含量要符合GB 1840—2003《国家纺织产品基本安全技术规范》，确保制作而成的窗帘不会对人体健康有害。

　　除此之外，窗帘布料的环保标准也必须符合GB 50325—2001中的基本要求，布料中化学成分的含量不可以超过国家最新颁布的相关标准和规范要求；窗帘布料要具有基本的性能，例如不起皱、不褪色、日晒色牢度达到5~6级、垂感好、耐脏、易清洗、不易藏污纳垢、色彩柔和以及无异味等；窗帘布料还必须经过防污、防油渍、抗变形以及防静电处理；其甲醛含量也必须符合国家标准E1排放标准，例如以PVC包覆聚酯纤维为原材料织造的产品，不能包含玻璃纤维成分。

↑可以通过触摸窗帘布料来感受其柔滑度，还可以通过嗅觉来分辨其是否有异味，是否闻过之后身体会很难受。

↑可以从窗帘布料介绍册上查看布料的相关指标，也可以通过色卡以及触摸小样来感受布料的色度和质量。

　　不同窗帘的布料，价格会不一样，例如全棉的印花窗帘布的零售价一般在65~70元；麻料普通型在75~80元，好一点的要在100元以上；人造丝的面料价格在60~200元之间，变动较大；而窗纱的价格跨度也很大，从10元左右到100多元的都有。进口窗帘布的价格一般均在100元／m以上，有些精品窗帘布价格更在二三百元以上。

2. 从窗型来选

窗户的类型决定了要使用的窗帘款式，选择一个合适的窗帘会给家居生活增添不少光彩，比较常见的窗型有立窗、飘窗、落地窗等，还有一些不太常见的，例如弧形窗、L型窗以及凹凸窗等，可以依据这些窗型的特点，来选择窗帘布料。

↑装有大面积玻璃的观景窗，适宜采用落地帘，为了达到观景的作用，建议选择纱质和棉质类布料。

↑弧形窗一般适合做整面落地式窗帘，也可以使用装有电动机械的窗轨，不过考虑窗户过高和窗轨的承重问题，所以一般建议选用轻纱类布料。

↑窗高比较高的窗户一般建议选择垂感较好的布料，又由于不好清理，建议选择比较耐脏的布料。

↑窗户面积较小的建议选择卷帘，可以选择广告布、棉麻布或其他可以卷但不会产生皱痕的布料。

每一种窗型都应选择合适的窗帘布料，要从布料的质感、轻重以及耐脏度等来选择，除了使用单一的布料制作窗帘外，还可以将不同材质的布料进行拼接来装饰窗户。

3. 从空间来选

空间的不同，主要是指日照环境的不同，因此在选择窗帘布料时，窗户的朝向是很大的影响因素；另外空间的使用功能不同，所选择的窗帘布料也会有所变化。

客厅、餐厅宜选较厚的布料，可以防止其受外界光线及噪声的影响；纱质窗帘装饰性较强，能增强室内的纵深感，透光性好，适用于面积较小的客厅和阳台；窗户下面安装有暖气的，应该选耐热性能好的布料，同时还不会阻挡暖气的热力散发进屋子里。

↑朝南的窗户，光线好，薄纱、薄棉纱或丝质的布料比较合适；窗户朝北的房间，阴冷灰暗，应该选择暖色并且有些厚重感的窗帘，增加温暖的感觉。

↑朝东或朝西的房间，每天经过几个小时的强烈阳光照射，应选择经过特殊处理的布料，或是中性色的布料，带有隔热性能，否则会褪色或变色。

↑卧室需要安静的环境，可以选择遮光和隔音效果都不错的绸缎帘，其质地细腻，豪华艳丽。

↑书房窗帘应选透光性好、明亮的布料，色彩淡雅，有助于放松身心和帮助思考。

4. 从使用人群来看

不同年龄层次的人群对于布料的触感以及视觉感受都是不一样的，在选购布料时要确定使用人群的年龄段，并且爱好的不同，对布料的选择也会有所影响，选购时要考虑到这一点。

↑老年人一般对光线反应强烈，建议选购布料较厚、遮光性强，颜色比较庄重、素雅的布料。

↑儿童房选择色彩较亮丽的布料来制作窗帘，一方面能启发儿童智力，另一方面也能增加童趣感。

↑小女生可以选择粉色系的窗帘布料，建议选择质量比较轻的纱质布料，可以加强房间的明度。

↑喜欢简约风格的男生选择颜色以黑白色为主的麻质布料，比较简洁，能舒缓人紧张的心情。

除以上四种选择方式之外，还可以依据装修的风格、个人的经济情况、生活习惯以及工作时间等来进行布料的选择，布料选择好了，制作的窗帘自然也不会差。

6.3 窗帘工艺

窗帘工艺是决定我们选择窗帘很重要的一点，它决定了窗帘最后的使用效果，以及花色样式，每一种工艺因其复杂度，价格也会有所变化，我们可以依据自己的经济情况来选择需要的窗帘工艺。

1. 印花

印花工艺是指在素色胚布上用转移或圆网的方式印上色彩、图案等，色彩较艳丽、图案丰富细腻。印花工艺可以分为有纸印花、平网印花以及圆网印花。有纸印花也被称为转移印花，这种印花方式所用的布料价格比较实惠，可以大批量生产，但是容易褪色，出现重影；平网印花的工艺比较复杂，花型很容易错位，价格处于中等偏上的范围；圆网印花成本较高，但制作出来的窗帘效果最好，长度一般在达到500m以上时，厂家才会接单生产。

2. 素染色

染色工艺又称为上色，制作工艺比较简单，主要在白色胚布上染上一层单一的颜色，制作出来的窗帘自然、朴素。染色是通过化学或其他方法影响布料本身而使其着色，因而天然染色会需要用媒染剂，合成染色需要使用一些助剂。通过染色可以使窗帘呈现出人们所需要的各种颜色，更好的丰富人们的家居生活。另外，采用染色工艺的布料在其纤维上都具有一定的耐水洗、耐摩擦等性能，不容易褪色，大家在选购的时候可以以此作为参考。

↑印花工艺制作的窗帘花型颜色亮丽、清爽明快，造型比较自由，形象比较逼真，质感比较自然，适合工作紧张的都市人群。

↑染色工艺呈现出来的窗帘色彩丰富而又简单，丰富在于它的颜色多种多样，简单在于呈现出来的颜色非常整齐有序。

3. 绣花

绣花工艺是采用专业的计算机绣花软件进行计算机编程的方法来设计花样以及走针顺序，最后用绣花机最终完成绣花产品。绣花工艺主要分为平绣、绳绣、水溶绣、贴纱绣以及彩绣这几种。

↑平绣是直接在底布上绣出花型，花型排列比较有序，操作比较简单，价格也比较实惠。

↑绳绣是用绳子绣出花型，所呈现的窗帘花型较立体，可以清楚地看出绳子的脉络，但使用率不高。

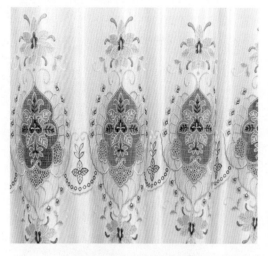

↑贴纱绣是用纱质布料代替原有的布料，这种手法呈现的窗帘比较通透，但价格较贵。

↑彩绣用的丝线都是有颜色的，呈现出来的窗帘花型颜色比较亮丽，使用率比较高，价格稍贵。

水溶绣是不太常用的手法，主要是因为它需要用药水浸泡布料，环保性不太高，虽然这种方式所呈现的窗帘花型会更具有设计感，但还是不建议选购。

4. 提花

提花工艺可以分为普通色织提花、普通染色提花、高精密染色提花以及高精密色织提花。色织提花布料一般会有两种以上的颜色，织物色彩比较丰富，不显单调，花型立体感也会比较强。提花这种依据图案需要，将纱布分类染色，再经交织构成色彩图案的方式，色牢度会比较强，色织纹路也会很鲜明。

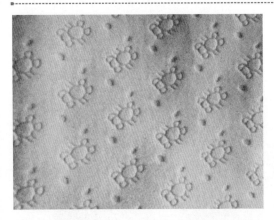

↑染色提花是将花型先编织好，然后再一起染色，所制作的窗帘颜色比较少，容易褪色，花型清晰度不太明朗，不建议选购。

↑色织提花是先将丝绒染好色，然后再编织花型，这种方式所制作的窗帘花型颜色比较丰富，色牢度高，不会轻易褪色。

5. 植绒

植绒是利用电荷同性相斥、异性相吸的物理特性，使绒毛带上负电荷，将需要植绒的布料放在零电位或接地条件下，使绒毛垂直粘附在布料上的一种工艺，这种制作工艺成本较高，步骤比较繁杂。

6. 烫金

烫金工艺是利用热压转移的原理，将电化铝中的铝层转印到承印物表面以形成特殊的金属效果，这种工艺制作出的窗帘比较华贵，价格也比较高。

7. 烂花

烂花工艺是指在两种或者两种以上纤维组成的织物表面印上腐蚀性化学药品后经烘干、处理使某一纤维组分被破坏而形成图案的印花工艺，它具有独特的半通透效果，花型风格百变。

8. 剪花

剪花工艺主要运用在窗纱上，制作出来的窗帘纹样轮廓比较清晰鲜明，色彩也很绚丽，艺术效果比较强，是大众喜爱的一种窗帘制作工艺。

6.4 成品窗帘

成品窗帘主要从装修风格的搭配以及房间用途等因素上来选购，窗帘店都会有窗帘样品，大家可以先分区浏览窗帘样品，然后依据家居的装修风格以及实际的经济情况来选择。

↑成品窗帘的风格和整体住宅空间的装修风格一致，不要选择混搭风，混搭风会显得杂乱无章。

↑空高不足的客厅不要选用带有多重帘头的窗帘，这样会显得窗帘厚重，压低空间感。

↑落地窗可选择成品落地窗帘；半截窗如果在窗下安装了暖气，可选择下摆在窗台以下300mm处的窗帘。

↑为了延长成品窗帘的使用寿命，建议选择购买配备有窗帘环的窗帘，这样比较容易清洗和拆卸。

作为家居装饰中的一个重要组成部分，窗帘可以很轻巧地改变室内的色调及风格，给家中带来一个全新的感觉，甚至成为美化居室、调节心情的艺术品。

　　客厅是整个家居环境中第一个视觉区，因此窗帘的选择至关重要。客厅主要用于待客，在选购成品窗帘时建议以浅色调、透光性强的薄布料为主，可以营造出一种庄重简洁、大方明亮的视觉效果。

　　餐厅同样属于开放空间，如果不在西晒区域，一般建议选择有一层薄纱的成品窗帘。色调建议以暖色调为主，例如黄色，可以增强食欲感；色泽一般要选整洁、清爽的，尽量营造出一个良好的用餐环境。窗纱、印花卷帘、阳光帘都是餐厅窗帘的不错选择，当然窗型较小的话做罗马帘会显得更有档次。

　　卧室是休息区，属于典型的私人空间，是所有情怀与情结寄居的地方，因而给卧室营造出温馨、浪漫的感觉非常重要，成品窗帘可以选择青色、绿色、紫色等色彩的窗帘，使卧室空间呈现出所需的氛围。

↑客厅建议选用双层窗帘，一方面可以遮光，另一方面也能根据需要调节光照，营造一种良好的聊天氛围。

↑卧室成品窗帘可以选择厚实遮光的布料做主料，一般多为纱、帘双层，与床上用品搭配会有意想不到的效果。

　　书房追求一个素净的阅读与工作环境，主要选择以淡绿、淡蓝等颜色为主的成品窗帘，图案应比较简洁、淡雅、清新，能够让人从繁忙、紧张的都市生活中解放出来，舒缓自己的身心，放松自己的神经。

　　儿童的世界很简单，五彩的窗帘是他们的不二选择，当然对于儿童房而言，成品窗帘的安全性能是很重要的。因此，儿童房的布置从总体而言要遵循简单二字，其选购成品窗帘时可以选择美观、简洁的卡通图案卷帘或具有个性色彩的单色卷帘来增加房间的童趣。另外，在购买儿童房成品窗帘时要注意到儿童活泼好动的天性也决定了儿童房的颜色特征，即色彩鲜明、对比强烈，因而可以大胆选购色彩多样、款式新颖的窗帘。

↑天然竹木为原材料的"竹窗""木百叶帘"是书房的首选，其简洁明快的造型可使人神清气爽、头脑清醒。

↑3D彩印窗帘上具有丰富的色彩与卡通人物，触感真实，既能丰富儿童的想象力，也能增添生活乐趣。

↑餐厅适合选购比较清爽的暖色系窗帘，例如柠檬黄色的窗帘，既能勾起食欲，又能冲淡厨房带过来的油烟味。

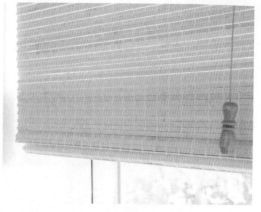

↑封闭式阳台建议选购既遮光又透气的阳光卷帘，阳光卷帘不仅能遮挡紫外线，还能节省空间，价格也实惠，适合选用。

图解小贴士

我们常见的窗帘有现代简约风格、美式田园风格、韩式风格、日式风格、欧式风格、地中海风格以及新中式风格外还有卡通风格、东南亚风格、西洋古典装饰风格、欧美现代窗帘装饰设计风格、少数名族装饰风格、回归自然装饰风格、实用装饰风格以及成熟都市风格等。其中回归自然装饰风格和美式田园风格有些相似，但又有不同，在选购成品窗帘时，这两者还可以搭配使用。

↑在购买卷褶式窗帘时，要注意检查窗帘的拉绳、滚轴等是否有损坏，窗帘布料选择耐脏性能比较强的，另外，这种窗帘适用于面积比较小的窗户，选购时要注意，一定要先测量好窗户的大小，再来选购。

在购买窗帘后一般都会有专业的人员来进行安装，对于一些相对比较简单的窗帘，例如卷式窗帘、小型垂挂窗帘、百叶窗帘、滑轨杆窗帘等，我们也可以自己安装。了解窗帘的安装方式以及验收检测，在窗帘使用出现故障的时候，自己快速地查找到产生故障的原因并及时更换，既省了一部分安装费，也能随时更换自己喜欢的窗帘。

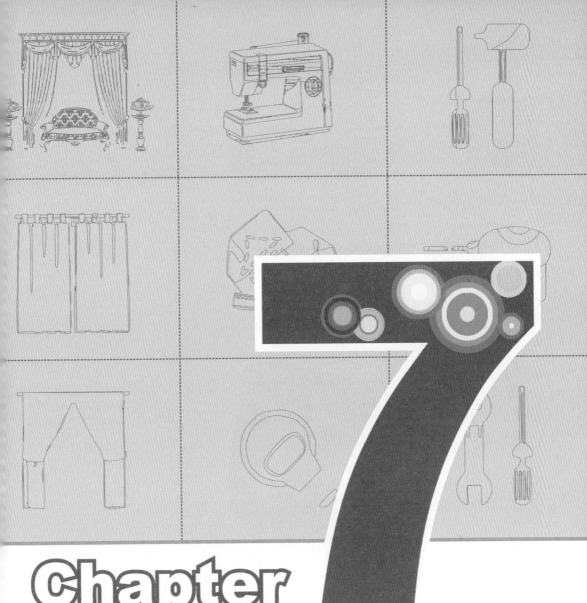

Chapter 7
窗帘布艺安装

识读难度：★★★★☆

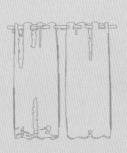

7.1 备齐材料与工具

在安装窗帘之前，我们应该要了解窗帘安装的相关材料和工具，主要工具包括有手持充电式电锤钻、充电式电钻、水平仪、手套、螺丝、记号笔、工具箱等，在工具箱中可以找到我们需要的工具。

←手持充电式电锤钻是"冲击钻"和"电锤"两种功能相结合的一种手持电动电锤钻，这种手持充电式电锤钻造型比较小巧，使用比较方便，主要用于钻孔，使用时注意带好防护眼罩。

←充电式电钻是利用电力转化为动力的一种钻孔设备，同样用于钻孔，冲击力度较手持充电式电锤钻小，这种电钻电功率比较小。

←水平仪是一种测量小角度的常用量具，在安装窗帘时可以使用水平仪测量定位是否准确，保证窗帘安装平整。

←手套使用一般的针织手套就可以，价格也不贵，在使用电钻钻孔以及后期安装窗帘时都需要佩戴手套，以免有木刺扎伤手。

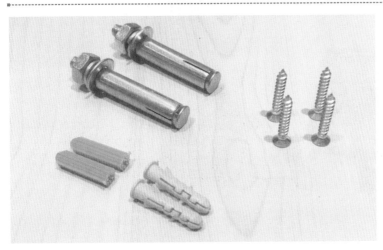

←一般买回来的窗帘都会配有相应的螺丝，例如膨胀螺丝、平口螺丝、有螺纹的螺丝等，我们在窗帘买回来后要确认这些螺丝的大小是否适合。

←记号笔用来记录钻孔的位置，一般建议用黑色或者颜色比较显眼的记号笔，这样在钻孔时比较方便查找孔洞的位置。

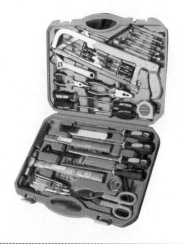

←工具箱里的工具有很多，我们在安装窗帘时会用到里面的工具，例如梅花起子、老虎钳子、卷尺、扳手等，使用这些工具时要小心，以免砸伤自己。

←准备好相应的工具之后就可以开始窗帘的安装了，要记住需要的工具一定要准备好，比较重要的是螺丝的尺寸要准确，螺丝尺寸不准确会导致窗帘安装不平整，这一点一定要注意。

7.2 定位钻孔预埋件安装

定位钻孔是安装窗帘的核心，定位的准确度影响到窗帘安装的外观效果，钻孔的深度与牢固度也会影响窗帘安装的安全性能。对于重量较大的窗帘还应当安装金属预埋件。待这些都完成到位了，再组装窗帘就比较简单了。

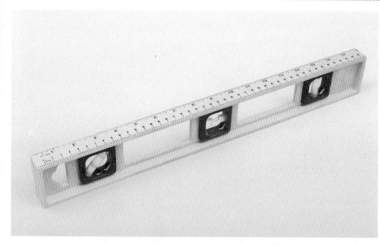

←传统的定位仅仅依靠带气泡的水平尺是不够的，这种工具在使用时容易造成误差，找准水平位置时需要用双手扶稳，操作起来不方便。安装窗帘杆找准水平高度的最佳工具是激光水平仪，配套三脚架可以在墙面投射出水平参考线。

←激光水平仪安装在配套三脚架上的高度一般不超过1500mm，而窗帘的钻孔安装高度一般都在2000mm。因此，要根据投射到墙面上的水平线与垂直线，用卷尺测量出高度，就能精确定位窗帘安装的准确高度了。用卷尺测量时一定要顺着垂直线测量。

←用激光水平仪和卷尺测量完成后应当反复检查核实，确定无误后用记号笔或铅笔做出醒目的标记，以十字标记为佳，但是要注意十字标记的长宽不要过大，要求最后能够被安装件遮挡。在已经做好外饰面装修的墙、顶面上做标记时最好用铅笔。

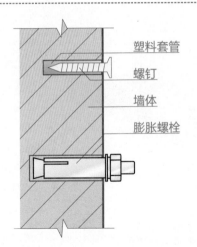

塑料套管
螺钉
墙体
膨胀螺栓

←常规的预埋件有膨胀螺钉与膨胀螺栓两种，膨胀螺钉用于一般窗帘，规格要求直径不能低于6mm，长度不低于35mm。膨胀螺栓的承受力量较大，用于重量较大的窗帘。膨胀螺栓规格要求直径不能低于8mm，长度不低于40mm。

←用电锤钻钻孔时，初期的力度要轻，太重会让钻头偏离位置，待钻头进入墙体之后再用力地推压。选用的钻头型号要与膨胀螺钉型号相匹配。

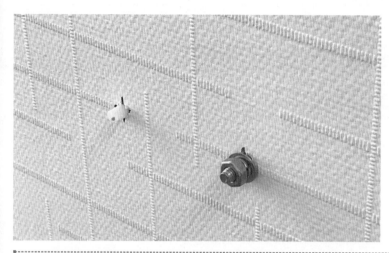

←膨胀螺钉与膨胀螺栓插入钻孔后要用锤子钉牢固，如果有轻微松动属于正常，如果特别松动则说明钻头型号过大，可以用多根牙签塞入洞中，再钉入膨胀螺钉与膨胀螺栓。

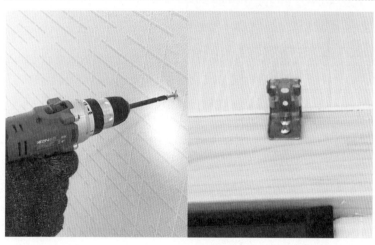

←膨胀螺钉可用轻型电钻配套十字披头紧固安装，而膨胀螺栓则需要用扳手拧紧，在拧紧之前要考虑清楚，是否需要连同窗帘挂件一同固定。如果再次拆卸有可能会发生松动。

←对于轻型窗帘，可以在墙面预先钉接木质板材作为基层，直接在木质板材表面钉入普通螺钉，但是不适用于大型窗帘。

7.3 穿杆垂挂窗帘安装

穿杆垂挂窗帘是现代生活中最常见的窗帘样式之一，安装起来比较简单，但是穿杆的长度较大，安装时要对穿杆定位的精准度要求比较高，应当采用激光水平仪来定位。

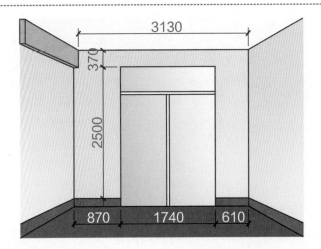

←安装之前首先要做的就是测量相关的尺寸，主要测量门窗的高度、宽度以及与天花板的距离，窗帘杆一般适合安装在墙面上，将测量的尺寸画出简图，然后对窗帘加工制作。

←检查加工完成的成品窗帘和窗帘杆的尺寸是否与设计尺寸一致，检查窗帘杆是否笔直，检查窗帘面料是否存在瑕疵，遇到问题不要急着更换，尽量自主解决，更换窗帘或窗帘杆会耽误时间。

←穿杆垂挂窗帘的杆件内部材料是金属的，外部材料以PVC的居多，花色品种各异，仔细观察内部金属材质，金属壁厚不应低于2mm，长度超过2m的窗帘杆中央应当增加支撑挂件。

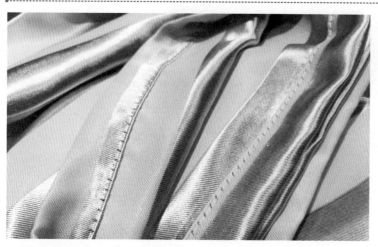

←查看窗帘面料的正反面是否有线头，如果有瑕疵尽量将其剪去并收拾干净，分清窗帘面料的正反面，以免在安装时发生错误。

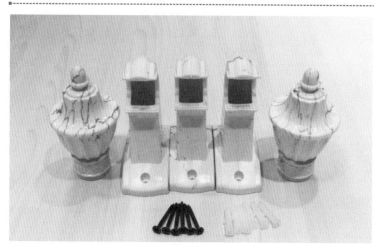

←检查配件是否齐全，是否存在破损或残缺，如果有问题应当及时与厂家联系调换，对于存在破裂、缺口的配件，如果不影响使用，可以采用万能胶粘接修复。大多数塑料配件是可以通过万能胶修复的。

←用卷尺在窗帘杆上测量，并标记支撑挂件的位置，一般要标出正中心与两端标记，两端标记距离端头约30mm即可。

←根据标记的位置在墙上定位标记，成品窗帘高度一般为2700mm，那么支架的安装高度一般为2750～2800mm，定位时一定要找准位置，不能有任何偏差。最保险的方法还是定位完成后进行一次复核。

←用电锤钻钻孔时注意进入墙体的角度，要与墙面保持垂直，初期推压的力度要小，防止钻头偏离方向，待钻头进入到墙体后再用力推压，遇到阻力时应当前后移动，使钻头更有冲击力量。

←选用长度大于40mm的塑料膨胀栓钉入，根据墙体的密度会产生不同的阻力，在遇到较大阻力时也要将膨胀栓完全钉入孔洞中，在遇到较小阻力或没有阻力时就要注意了，应当塞入牙签加固。

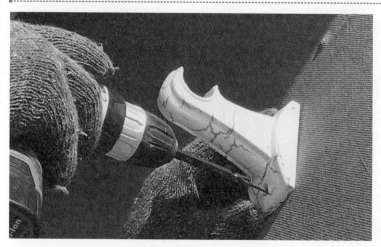

←用小电钻安装十字披头时将螺钉钻入膨胀栓内，固定是应当将支架基座一同安装，如果是两个螺钉，一般先安装下部，后安装上部，两个螺钉可以先后钻入，但要同时拧紧，避免将其中一个拧紧后再去安装另一个，否则发生轻微位置偏移，就得完全拆卸，重新安装。

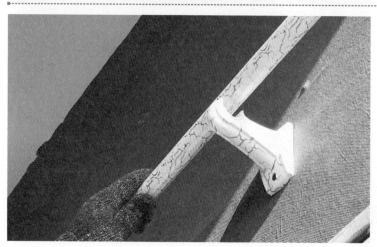

←将窗帘杆横搁在中间支架上，对准中点标记放好，入卡口紧固，但是两端暂时不要紧固，待窗帘穿入后再卡紧。

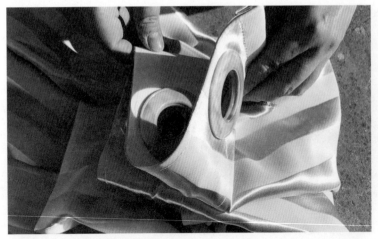

←将窗帘展开后，整理平整，将上部端头对折，窗帘左右两端的折叠方式是向人体方向外凸，向墙面方向内凹，注意不要折反了，否则无法固定在窗帘杆的两端。

←将窗帘分别从两端穿入窗帘杆，全部孔洞穿入后，只保留一个孔不穿，待两端的窗帘杆卡入支架后再穿入窗帘杆上，这时外露的窗帘杆长度应当只有30mm左右。

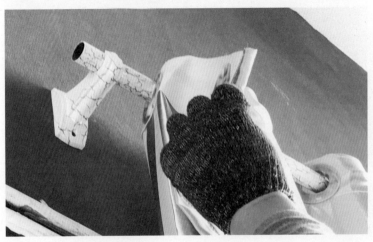

←将装饰帽安装到窗帘杆两端上，如果有松动，可以采用水管生料带缠绕几圈，但是不应用万能胶粘接，以免日后无法拆卸清洗。如果特别紧，甚至无法安装，可以用砂纸将窗帘杆两端打磨，将外径磨小即可。

←窗帘安装完毕后，在完全关闭状态下整理窗帘的皱褶，将形态理顺，灰尘拍打干净，最好在阳光充足的天气下安装，让太阳晒3~5小时消毒最佳。

←将窗帘中央部位收紧，根据凹凸不平的波折来折叠整齐，折缝应当均匀整齐，折叠部位至顶部之间的窗帘应当拉直绷紧。

←将配套腰绳系在窗帘折叠处定型，保持24小时后再松开，以后正常使用时完全展开即能看到比较整齐的波折痕迹，使窗帘显得挺括有质感。

7.4 挂钩垂挂窗帘安装

挂钩垂挂窗帘安装紧凑，方式多样，同样一套挂钩挂架，既可以侧壁安装，又可以顶棚安装，使用起来十分灵活，滑轨材料便宜，经济实惠，是现代家居、办公空间的最佳选择。

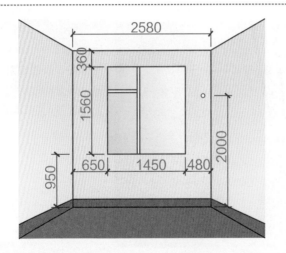

←安装之前首先要做的就是测量相关的尺寸，主要测量门窗的高度、宽度以及与天花板的距离，根据需要设计窗帘滑轨适合安装在墙面上还是顶面上，将测量的尺寸画出简图，然后对窗帘加工制作。

←检查加工完成的成品窗帘和窗帘滑轨的尺寸是否与设计尺寸一致，检查窗帘滑轨是否笔直，检查窗帘面料是否存在瑕疵，遇到问题不要急着更换，尽量自主解决，更换窗帘或窗帘滑轨会耽误时间。

←仔细观察滑轨截面，窗帘滑轨一般为铝合金材质，型材的截面厚度不应低于2.5mm，轨道内应光洁无毛刺感，滑轨整体应挺直无任何弯曲变形。

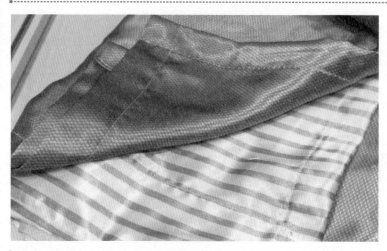

←查看窗帘面料的正反面是否有线头，如果有瑕疵尽量将其剪去并收拾干净，分清窗帘面料的正反面，以免在安装时发生错误。

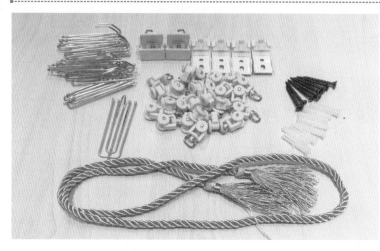

←检查配件是否齐全，是否存在破损或残缺，如果有问题应当及时与厂家联系调换，滑轮和窗帘挂钩一般会有很多，足够各种环境下安装。

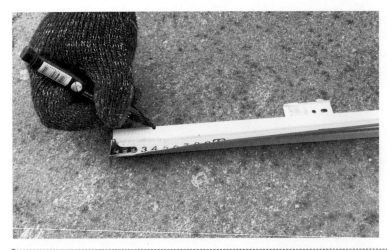

←用卷尺在窗帘滑轨上测量，并标记挂件的安装位置，一般要标出正中心与两端标记，两端标记距离端头约30mm即可。

←根据标记的位置在墙上定位标记，成品挂钩垂挂窗帘安装高度一般在窗户上檐上部150mm处，如果成品窗帘高度为2700mm，那么支架就应当安装在顶面了，定位时注意找准位置不能有任何偏差，最保险的方法还是定位完成后进行一次复核。

←用电锤钻钻孔时注意进入墙体的角度，要与墙面保持垂直，初期推压的力度要小，防止钻头偏离方向，待钻头进入到墙体后再用力推压，遇到阻力时应当前后移动，使钻头更有冲击力量。

←选用长度大于40mm的塑料膨胀栓钉入，根据墙体的密度会产生不同的阻力，在遇到较大阻力时也要将膨胀栓完全钉入孔洞中，在遇到较小阻力或没有阻力时就要注意了，应当塞入牙签加固。

←用小电钻安装十字披头时将螺钉钻入膨胀栓内，固定是应当将支架基座一同安装，如果是两个螺钉，一般先安装下部，后安装上部，两个螺钉可以先后钻入，但要同时拧紧，避免将其中一个拧紧后再去安装另一个，否则发生轻微位置偏移，就得完全拆卸，重新安装。

←将滑轨卡入支架基座中，滑轨上的标记与支架基座对准卡入，入卡口时应当用手指扣动基座中的塑料紧固件，才能顺利将滑轨卡入并紧固。

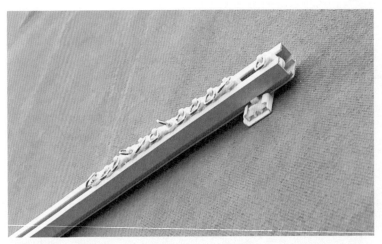

←将滑轮从滑轨的一端逐个放入，一般要多放几个，虽然不一定都会用到，但日后一旦某一个滑轮损坏，可以随时将窗帘挂钩换到其他滑轮上。

←将滑轨端头的盖板封闭，使用电钻螺丝披头紧固封闭，防止滑轮漏掉。但是不能用万能胶粘接，以免日后不便维修。

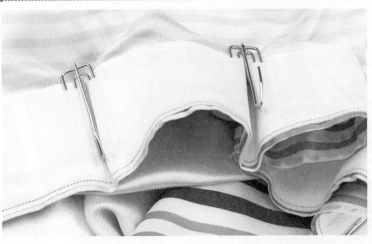

←将窗帘展开，挂钩插入窗帘头带中，注意插入的方式与方向，插入挂钩后的窗帘头带会起皱褶，应适当整理，让窗帘形成比较自然的波浪状态。

←将挂钩逐个挂到滑轮上，挂到中央时，可以随意间隔1个滑轮，将多余的滑轮分配均匀，但是多余的滑轮不宜过多，在计划滑轮数量的基础上多 10% ~ 20% 为佳。过多的滑轮会增加窗帘折叠后的宽度。

←挂好全部挂钩后将窗帘展开，在完全关闭状态下整理窗帘的皱褶，将形态理顺，灰尘拍打干净，最好在阳光充足的天气下安装，让太阳晒3~5小时消毒最佳。

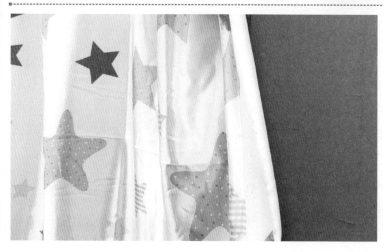

←检查窗帘的挺括度，对窗帘起皱褶的部位做适当拉扯、绷紧，必要时可以采用挂烫机将垂挂完毕的窗帘烫平。

7.5 电动垂挂窗帘安装

　　电动垂挂窗帘适用于带有窗帘盒的窗户上，电动控制分为有线与无线，家居空间以有线遥控为佳，方便使用，以免遗忘遥控器。而公共空间可以使用无线遥控，遥控器专人集中管理。

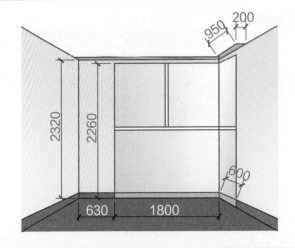

←在装修过程中应当预留窗帘盒，窗帘盒的宽度和深度一般均为150～200mm，过窄不适合安装电动机和后期维护。过宽会让电动机裸露在外部，易受到碰撞或令人感到不美观。

←电动垂挂窗帘一般在全部装修完成之后再进行设计安装，窗帘盒里要预留电源线，采用两根普通1.5mm²电源线即可，分别为零线和火线，火线连接着开关。

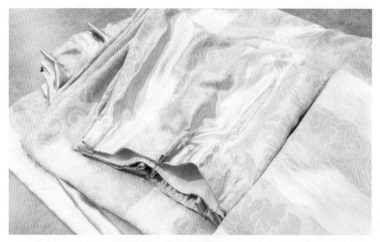

←将加工好的窗帘展开检查，注意确定尺寸无误后才能安装，电动窗帘为了追求平顺的开关效果，一般选用质地较厚的遮光窗帘。这样开启和关闭时，速度会很均衡，窗帘布也不会大幅度摆动。

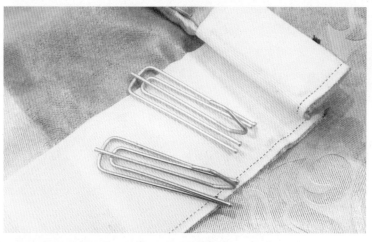

←检查挂钩的数量和皱褶位置的关系，挂钩材质应采用镀锌金属或不锈钢金属，防止生锈。

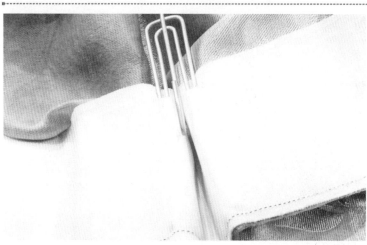

←将挂钩插入窗帘头带中，注意插入的方式与方向，插入挂钩后的窗帘头带会起皱褶，应适当整理，让窗帘形成比较自然的波浪状态。

←将挂钩全部插入窗帘头带后，重新检查一遍，电动窗帘对挂钩的安装密度有着严格要求，过于密集或稀疏都会造成开合效果不佳。

←单轨式电动滑轨中有履带，履带连接着滑轮，滑轮之间的间距是固定的，间距为80~100mm，可以人为调整，一旦调整完毕就不便再变动。

←将安装好挂钩的窗帘同安装部位比照宽度，对每一段的安装尺寸都要了解，避免挂上去后出现一头松一头紧的状态。

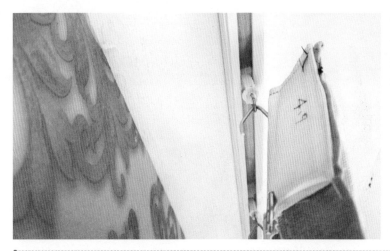

←挂上勾时力度要轻，不要左右、前后、上下用力拉扯，以免让履带受力不均而发生损坏。

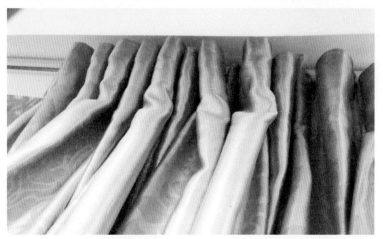

←将窗帘全部挂接完毕后，可以通电启动电机试运行，将窗帘缩紧到一端，理顺皱褶，把窗帘凹凸起伏的部分整理美观。

←再次启动电机试运行，将窗帘完全关闭，在完全关闭状态下开启电机的终止器，给电机输入终止指令，以后每当窗帘移动到这个程度是就会自动停止。同样在完全开启状态下也要设定终止器。

←全部设定完成后开始测试，测试开、关窗帘至少5遍以上，确保开关顺利、流畅无误后即可正常使用。

220V
交流电
火线　零线
带变压器电动机1
带变压器电动机1
电动机2
安装位置
电动机1
安装位置

←家用电动窗帘一般都采用有线安装，220V普通交流电的火线首先接入开关，由开关控制通断，再由开关输出火线给窗帘电动机，电动窗帘专用的电动机都带有变压器，能将交流电转为低压直流电来驱动窗帘。

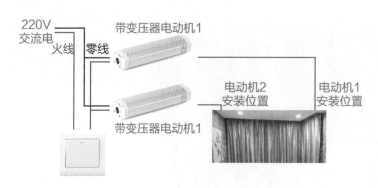

配置到带变压器的电动机组中
直流电动机
插入窗帘轨道传动端
电动窗帘轨道中带有滑动履带

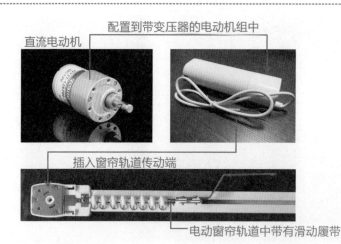

←电线应当在装修时预先安装到位，窗帘电动机中的核心仍然是普通直流电动机，只不过比普通的玩具电动机功率更高，质量更稳定，窗帘滑轨中带有连接滑轮的履带，整体结构比较简单。

←遇到转角部位，需要对窗帘滑轨特殊加工，定制成品转角电动滑轨，价格较高，但是电动窗帘大多用在这种转角窗帘上才能体现出效果。

←电动窗帘在运行过程中不能遇到阻力，如果运行中窗帘钩挂家具，会造成窗帘电动机发热或烧毁，给使用带来安全隐患，因此，电动窗帘一般安装在周边比较空旷的位置，周边不宜摆放家具或其他尖锐重物。

←电动窗帘的开关应用普通门铃开关，这种开关在按压状态下为通电，释放后为断电，比较适合家庭或小型办公空间选用。

7.6 卷筒窗帘安装

卷筒窗帘的安装比较简单，一般在买回来的窗帘中都会有说明书，依据说明书我们就可以安装窗帘，但也有人反映说明书介绍不是很全面，下面就以图文并茂的方式来给大家详细解析卷筒窗帘的安装。

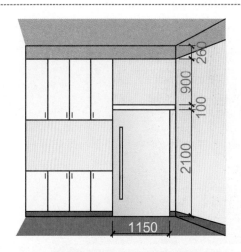

←安装之前首先要做的就是测量相关的尺寸，主要测量窗户的高度、宽度以及与天花板的距离，卷筒窗帘适合安装在面积小的窗户上，使用起来会比较方便。

←此处安装的卷筒窗帘主要起到装饰的作用，将门上多余的残留物清除掉，一般门高为2200mm，安装之前可以先准备一个三脚梯，方便操作。

←将买回的卷筒窗帘布放置在桌子上，打开查看是否有色差、破损、起皱、宽度不均等现象，一旦发现，应立即更换。

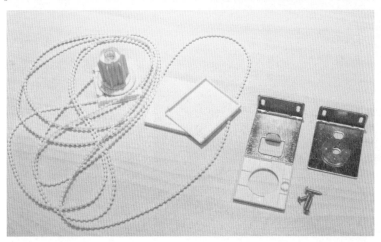

←打开窗帘包装袋，我们可以看到购买的卷筒窗帘里包括窗帘滚轴、拉绳、螺丝、固定杆件以及窗帘底盖等配件，安装之前要检查螺丝的尺寸大小是否合适。

←打开卷筒窗帘布，轻轻地拉扯，检查其柔韧性和抗压能力，确定无误后将窗帘布卷起来，放置一边备用。

←使用卷尺测量孔洞位置，确定好孔洞的位置后，用记号笔画上十字标识图案，既醒目又方便，十字标识图案的中心即为钻孔的位置。

←使用充电式电钻在十字标识的中心处轻微地钻一个小孔，这样可以方便后期用梅花起子将螺丝钉入木板内，节省时间。

←钻孔结束后，将窗帘底座对准孔洞放置在门头上，然后使用梅花起子先将一枚螺丝钉拧入孔洞内，注意先只拧入1/3，等另一孔洞的螺丝钉拧入1/3后再拧剩下的部分，这样做可以有效的保证窗帘安装的平稳性。

←另外一边的窗帘底座也如此安装，注意辨别两边底座的区别，一个是中心有圆孔的底座，安装在没有滚轴的一边；一个是中心有方孔的底座，安装在有滚轴的一边。

←固定好底座后，需要测量卷筒窗帘布的宽度和两个底座之间的间距，确保窗帘布的宽度与底座间间距一致，如果发现有偏差，要及时进行调整。

←将滚轴插入卷筒窗帘中，注意滚轴要摆正，不要有偏差，插入后要拍打两下，使滚轴与卷筒窗帘贴合紧密，没有空隙，这样在后期使用过程中窗帘才不会轻易脱落。

←将对应的塑料窗帘底座安装在金属底座上，注意对准角度，不要太过用力，以免塑料底座破裂；另一边也是如此。

←将卷筒窗帘的一边对准拥有圆形孔洞的底座，使其固定在底座上，够不着时可以借助梯子，这样会更方便操作。

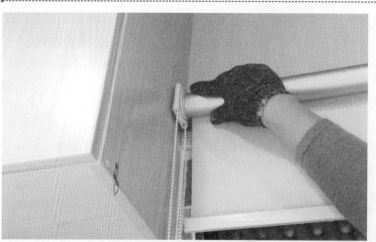

←将卷筒窗帘的另一边安装在方形孔洞的底座上，此时安装会有些费力，将窗帘向上移动，将其缓缓地安装进底座上即可，安装结束后用手按压窗帘的中心，检查窗帘两边是否均安装准确。

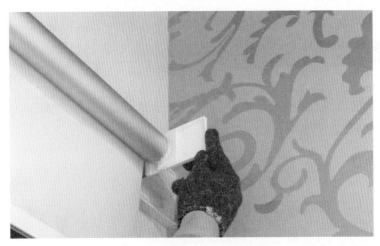

←将塑料底座盖安装到底座上，安装时沿着孔洞方向慢慢地往前推；另一边也是如此安装底座盖，安装结束后注意检查安装是否准确。

←卷筒窗帘在使用时要注意保养，一般可以用抹布蘸取适量的酒精来进行清洁，尽量避免油污等物与其触碰。

←卷筒窗帘安装结束之后拉动拉绳，检查窗帘上下拉合是否有障碍，注意把控力度，力度过大可能会将拉绳上的拉珠扯下。

7.7 百叶窗帘安装

百叶窗帘除了我们最常见的铝合金材质以外，还有印有各类图案的竹质百叶帘等，百叶窗帘在办公空间中经常会用到，现代家居中也会运用到百叶帘，下面给大家讲述百叶窗帘安装的具体步骤。

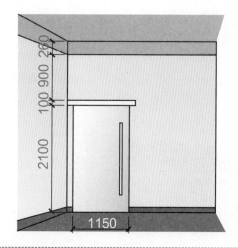

←百叶窗帘安装前也同样需要测量尺寸，它适用于面积比较小的窗户，也适用于需要调节遮光环境和具有一定隐私度的区域。

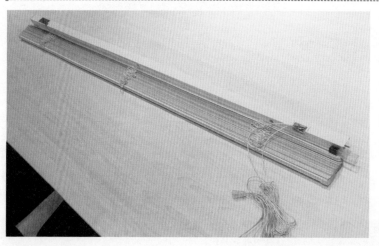

←百叶窗帘的叶片常用的是铝合金材质和PVC材质的，安装时要佩戴手套，以免被割伤。百叶窗帘上一般都会配备有拉绳，购买回来后要检查拉绳是否无断裂。

←百叶窗帘拉绳的另一边是摇杆，摇杆主要控制百叶窗帘叶片的闭合度，在安装之前，也需要检查摇杆是否有裂痕。

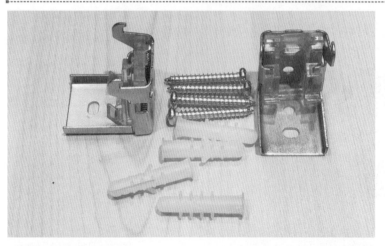

←百叶窗帘的配件包括有安装底座、膨胀螺栓以及有螺纹的螺丝，安装前要确认螺丝的尺寸大小是否正确。

←用卷尺测量百叶窗帘的宽度，并将其与设计图纸上的尺寸相比对，确认无误即可进行下一步操作，收缩卷尺时注意要慢收，不要划伤手。

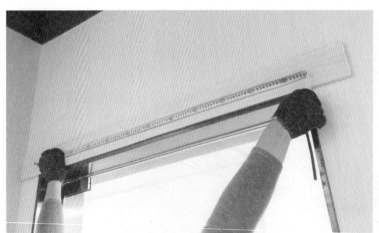

←使用卷尺测量门头上百叶窗帘安装的宽度值，并与百叶窗帘本身的宽度值相比对，由此确定出钻孔的位置。

←对比百叶窗帘配件上的孔洞，用记号笔在需要安装的位置画好孔洞的位置，同样可以画十字交叉标识，方便后期钉入螺丝。

←使用充电式电钻将螺钉的1/3钉入到木板中，然后再将另一个螺丝也钉入同样的深度，拔出螺丝，备用，预留的孔洞可以防止螺丝安装时打滑。

←将窗帘挂件对准之前打好的孔洞，注意上下方向不要安装错误，安装时保证挂件与木板处于一个平行的状态。

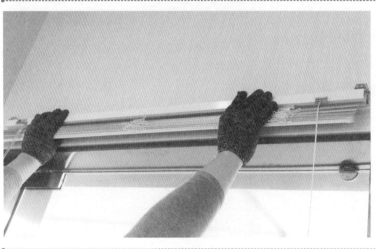

←将整理好的百叶窗帘放入两个配件中间，注意孔对孔，建议利用梯子，这样操作比较方便，也有利于我们卡紧窗帘。

←将百叶窗帘U型铝合金中的塑料拉片拉出，并将上方金属挂件与U型铝合金的卡口对准，然后松开塑料拉片，另一边也依照这种方法将百叶窗帘卡扣在挂件上。

←同时拉动两根拉绳，百叶窗帘会同时被卷起，使用拉绳时要注意好力度，另外拉绳的清洁和保养也要定期做。

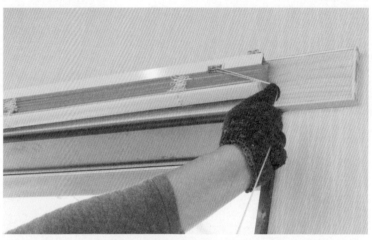

←单根拉绳拉动百叶窗帘时，只会有一边的窗帘被卷起。将拉绳向右拉起时，只会有左边的窗帘被拉起；向左边拉动拉绳时，只会有右边的窗帘被拉起。

←使用摇杆可以自由地调节百叶窗帘的透光度，旋转摇杆时要慢慢地转动杆身，太过用力或者转杆速度过快，都有可能将摇杆转断。

←百叶窗帘安装后为了避免窗帘挂件脱落，可以在其表面涂抹适量的免钉胶，免钉胶可以起到很好的固定作用，价格也不贵。

←安装结束，当摇杆向右转到最紧处，百叶窗帘的叶片间的空隙最大，基本处于平行状态，此时透光性也能达到需要值。

←安装结束，当摇杆向左转到最紧处，百叶窗帘则不会透光，从外面也是看不到室内的场景的，保证了基本的隐私。

7.8 验收检测

　　窗帘产品的质量与安装水平有一定联系，但不完全相关，如今窗帘产业比较成熟，一般不会有太大的质量问题，如有瑕疵都能自行解决，验收检测的目的在于及时发现问题，解决问题，避免问题扩大后造成窗帘无法正常使用。

←观察穿孔部位构件是否紧密牢固，如果每个穿孔都有环状态松动属于正常，如果只是某一个有明显松动，可以采用万能胶粘贴缝隙，压紧后待干即可正常使用。

←安装后如果发现窗帘杆有弯曲，应当将弯曲突出方向向上，在两端支架与窗帘杆之间处涂抹少量免钉胶，保持窗帘杆向上凸起状态，一般不应放置成向下凸起状态。

←双手拉扯窗帘，优质产品不会存在较明显的弹性，拉扯后的面料应当挺括，松开后应当没有褶皱。

←观察窗帘背面的锁边线头是否整齐，线孔是否均匀一致，如果窗帘存在皱褶，可以使用挂烫机处理。

←观察窗帘面料表面是否存在毛刺、起球现象，轻微瑕疵可以用剪刀和毛球清理器处理。皱褶可以用挂烫机烫平。如果出现比较明显的脱线、镂空就需要退回厂家更换。

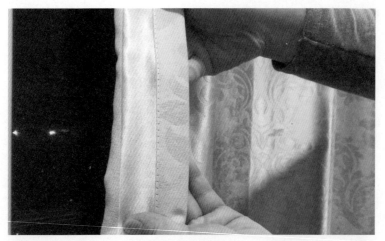

←遮光效果较好的窗帘正反面的面料都是一样的，表面会有装饰图案的压绒花纹。仔细观察正反两面即可得出这种结论。

←将遮光窗帘挤压折叠后会发现褶皱特别均匀，缝隙自然，松开后弹性很好，也能很快恢复原貌。

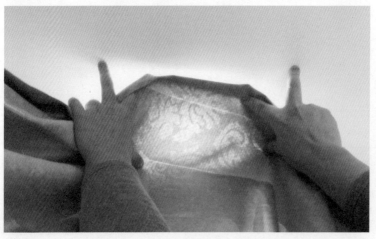

←其实并没有完全遮光的窗帘，所有布艺面料都存在一定的透光性，只是遮光效果的强弱而已，可以将窗帘展开放在射灯下近距离照射，透光率在50%以下即可说明遮光性不错，在日常使用中，能遮挡90%以上的窗外光。

←卷帘主要观察边缘是否存在开裂或毛刺，这些会导致窗帘在日后使用中断裂，造成彻底损坏而无法使用，可以用打火机轻度烘烤窗帘边缘，使其软化紧密。

←质量最好的百叶窗帘应当是不锈钢叶片，但是不锈钢材质价格较高，弯折后容易留下折痕，百叶窗帘的质量好坏可以看开关旋钮棒，观察转动旋钮棒后百叶窗帘的闭合程度是否紧密。

←拉绳也是百叶窗帘的质量关键，拉扯过程中观察百叶上升、下降的平顺度与同步性，优质产品应当左右两端同步上下，能随时锁止窗帘开启幅度。

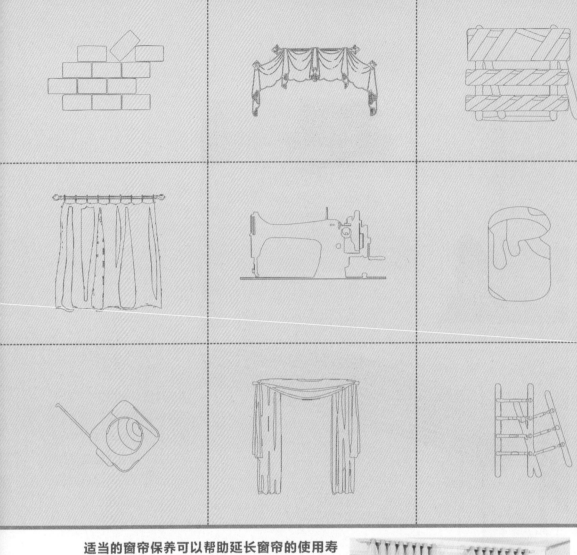

适当的窗帘保养可以帮助延长窗帘的使用寿命，不同材质窗帘的清洗与保养是不同的。例如广告布上的灰尘可以用抹布直接蘸水擦除，而丝绒布料的窗帘则要用专用的清洗剂清洗等。了解这些关于窗帘保养、清洗的小知识，对于我们今后的生活会大有用处。

Chapter 8

窗帘布艺维护保养

识读难度：★★☆☆☆

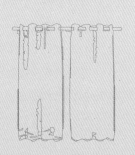

8.1 窗帘的相关处理

刚买回来的窗帘一般都会有异味,使用时会令人感觉到不舒服,因此,我们需要对窗帘做一个小小的处理,使其使用起来更卫生、更环保。下面说说如何去除布艺窗帘的味道。

1. 清洗

制作窗帘时必定会用到化学添加剂,所以甲醛是肯定会存在的。由于甲醛是溶于水的,通过清洗窗帘可以有效地去除窗帘中的部分甲醛,如果清洗完以后没有味道了,但是挂上一段时间以后窗帘又有味道了,说明住宅空间中存在有其他的污染源,需要另外处理。

↑布艺窗帘具有吸附功能,如果室内有污染源窗帘则会吸附空气中被污染的气体,所以要经常清洗窗帘。

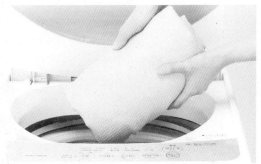

↑如果在家中清洗窗帘,可以先用软刷对局部进行刷洗,然后放入洗衣机内浸泡十几分钟后再洗涤。

2. 通风

安装窗帘后要每天开窗通风,通过空气的流动,将有害气体排到室外,这也是一种最简单有效的方法,唯一不好的地方就是甲醛净化的周期比较长。

3. 活性炭包吸附

活性炭具有很强的吸附能力,在生活中有很多地方会用到,活性炭包的使用初期效果非常好,这是因为活性炭的孔隙具有吸附力,孔径越小,吸附能力会越强。另外活性炭在经过高温暴晒后是不能继续使用的,我们所知的阳光最高温度为50℃左右,能蒸发活性炭内部的水分,基本上一个月之后活性炭包的吸附能力就会大大减弱,因而要达到长期除菌以及去除窗帘异味的作用就必须要定期更换活性炭包。

4. 摆放绿色植物

和新房装修要放置绿色植物的道理一样，刚装好窗帘的室内也可以放置一些绿植，既能起到观赏作用，又能净化空气，两全其美。室内可以摆放一些吊兰、虎尾兰、长春藤等绿植，这些绿植比较容易养护，外观也比较有观赏性，并且适应能力强，可以吸收室内80%以上的有害气体，吸收甲醛的能力超强。这些绿植在放置一段时间后要注意查看其叶脉是否已经收缩、枯黄，如有此类现象，则说明室内甲醛含量有所减少。

↑长吊兰有"绿色净化器"的美称，因而一般房间建议放置1~2盆吊兰，可以很大程度上吸收空气中的有毒气体。

↑长春藤的枝蔓细弱而柔软，聚气生根，能攀援在其他物体上，它可以有效地分解存在于布质窗帘中含有的甲醛。

↑在客厅窗帘旁放置植物，既能使整个客厅看起来充实而又不拥挤，还能净化客厅环境，绿色植物也能有效的使人放松心情。

↑在水中加入少量的酒精、小苏打和精油，就可以配制成简易的清洁喷雾剂，轻轻地喷洒在窗帘上，可以有效的去除灰尘和异味。

8.2 窗帘的清洗

在清洗窗帘之前，拆卸窗帘需要洗涤的一部分也是非常重要的过程，需要重视的是拆卸窗帘前要用鸡毛掸子和吸尘器仔细清除窗帘表面的灰尘，要使用专业工具来拆卸窗帘，假若遇到一些部位卡死的情况，也不要使用蛮力掰开，要有耐心地拆开周边卡顿处并取出窗帘布进行清洗。

S钩式窗帘拆卸需要利用小型铝合金梯子，拆卸时直接将窗帘从窗帘杆上摘下来即可。穿杆式窗帘的窗帘杆支架如果是死扣的那种，在拆卸时则需要用改锥将固定在窗帘杆支架的螺丝拧松以后，再将窗帘杆摘下放到一边，这样穿杆式窗帘就摘卸下来了。

↑S钩式窗帘拆卸时要将附在窗帘最上端背面10cm处的四爪钩或者S钩摘下来，以免洗涤的过程中破坏窗帘的完整度。

↑穿杆式窗帘的支架如果是那种开口的，拆卸时可以直接用手把窗帘杆向上推起放到一边将帘子摘下来清洗。

S钩和四爪钩的窗帘将钩子摘下来之后，就可以直接放在洗衣机里加入洗涤剂清洗了，清洗时要注意不要用洗衣机加强档来清洗，用轻柔档就好。由于窗帘布艺并没有很重的油烟，因此只要轻柔洗就可以了。穿杆式窗帘在洗涤过程中，建议用绳子将有环的一端窗帘扎起来，这样清洗时窗帘就不会在洗衣机里晃来晃去了，也减少了拉环之间的碰撞，有效的延长了窗帘的使用寿命。

图解小贴士

清洗后的窗帘要好好整理。刚洗涤完的窗帘会显得皱皱巴巴的，没有美感，晾晒时尽量让其自然风干。在其干燥之后，我们要将窗帘一缕一缕地整理好，然后用绑带系好，到了使用的时候再打开，就会如刚做的时候一样立体，有美感，也可以使用简易式水蒸气电熨斗直接熨烫。

窗帘材质不同，清洗方法也不同，我们可以依据这些窗帘材质的特点来选择适合的清洗方法，一般在夏季窗帘建议2个月清洗1次，洗完后尽量自然风干，不要脱水或者烘干，烘干可能会影响窗帘的质感以及其收缩度；也不要暴晒，暴晒会缩短窗帘的使用寿命。

↑窗帘最好用吸尘器每周除尘一次，尤其要注意去除棉织窗帘折叠处堆积的灰尘，这样也有助于后期的深层次清洗。

↑使用广告布制作的窗帘沾染上污渍，可以先用干净的抹布蘸水擦干净，为了不留下印记，最好从污渍外围开始擦。

1. 普通布料窗帘

这里所说的普通布料指的是没有添加其他成分的纯布料，这种布料价格比较便宜，花样款式不多也不算少，综合性能属于中等水平，使用频率也在中等范围内。

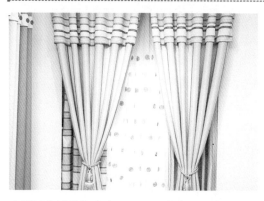

↑普通布料做的窗帘，可用湿布擦洗，也可按常规方法放在清水中或洗衣机里用中性洗涤剂清洗。

↑易缩水的普通面料尽量还是干洗比较好，因为在洗涤的过程中会有缩水严重的，建议交由专业商店清洗。

2. 棉麻窗帘

棉麻是一种较为粗厚的棉织物，这种织物具有很强的坚韧性，同时也具备有很好的防水性，棉麻窗帘便是用这种布料制作而成的，棉麻窗帘清洗后难干燥，因此不宜在水中直接清洗，宜用海绵蘸些温水或肥皂溶液来回擦拭，待晾干后卷起来即可。

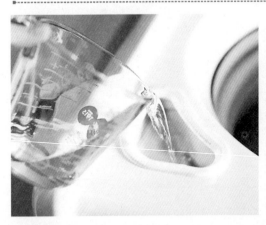 

↑清洗棉麻窗帘时还可以加入少量的衣物柔顺剂，这样可以让窗帘在清洗后更加柔顺、平整。

↑棉麻布料的窗帘不宜直接放入洗衣机清洗，局部干洗为主，晾晒时要轻轻将窗帘扯平，这是为了使窗帘干燥后不会起多余的褶皱。

3. 绒布窗帘

绒布窗帘的吸附力强，卸下来之后，需要找个空地将窗帘抖一抖，将附着在绒布上的灰尘抖掉之后再进行后续的清洗。另外，绒布窗帘不建议用洗衣机清洗，人工手洗会更利于窗帘使用寿命的延长。清洗时要将绒布窗帘放入含有清洁剂的水中浸泡15分钟左右再清洗，洗净之后也不能用力拧干，最好是放到一边让水分自然滴干后再进行晾晒，这里主要讲解静电植绒布窗帘和天鹅绒窗帘的清洗方法。

静电植绒布窗帘是由遮光面料制作而成的窗帘，它是一种装修布，在经过规划缝纫后而做成的具有遮光功能的窗布，本身不太容易脏，无须经常清洗，其植绒方式可以分为植绒机流水线式植绒、箱式植绒以及喷头式植绒。静电植绒布窗帘在清洗时一定不能将窗帘泡在水中揉洗或刷洗。如果绒布过湿，一定不要用力拧绞，以免绒毛脱掉，影响窗帘的美观。静电植绒布窗帘正确的清洗方法应该是用双手压去水或让其自然晾干，这样也可以保持植绒面料的原貌。

静电植绒布窗帘的窗帘头和帷幔清洗一般是用清水浸湿，再用加入小苏打的温水洗涤，然后用温和的洗衣粉水或肥皂水洗两次，清洗时要轻轻揉洗，最后再用清水漂洗。晾晒时要将窗帘整理平整，放在干净的桌子上或者框架上晾晒。

天鹅绒窗帘在清洗时要先将窗帘抖一抖，这是因为天鹅绒窗帘吸附性比较强，抖一抖可以使一些尘土自然的掉落。然后将天鹅绒窗帘放在中碱性清洁液中浸泡15分钟左右，用手轻压，洗净后在放在斜式架子上轻拧，拧的时候也不要用力，使水分自然滴干即可。

↑静电植绒布窗帘在日常使用中如果有污渍，一般只需用棉纱布蘸上酒精或汽油轻轻地擦洗就可以了。

↑天鹅绒窗帘在日常清洗中可用抹布蘸些温水溶开的洗涤剂或少许氨溶液擦拭，注意不能泡水刷洗。

4. 百叶帘

百叶帘在日常清洗中要先将窗户关好，在窗帘上喷洒适量清水或擦光剂，然后用抹布擦干，即可使窗帘保持较长时间的清洁光亮。窗帘的拉绳处，可用一把柔软的毛刷轻轻刷洗。

实木百叶帘在清洗时要注意避免被水浸泡，否则会变形、开裂，对于这类百叶帘，清洗时首先应通过旋转百叶窗旋杆将叶片关闭，使叶片处于一个平面后，再用除尘掸拂去表面灰尘，一面操作完后将叶片旋至另一面，同样先掸掉浮尘，然后开启叶片，如此反复，直至清理干净。

5. 卷帘

制作卷帘的材质有很多种，例如广告布、普通布、纤维布等，在清洗卷式窗帘时，可以在卷帘上蘸洗涤剂清洗，但在清洗时要注意四周容易吸附灰尘的部位，灰尘过多的地方可以用软刷将其去除，然后再用清水擦拭清洗，还可以喷些擦光剂，使卷帘在较短时间变得干净。由于卷帘比较难组装，因而只能间接的在卷帘上蘸洗涤剂清洗，必要时还是建议将卷帘拆卸下来进行深层次的清洗，卷帘的拉绳也要进行清理，拉珠可以用蘸有洗涤剂的软布进行擦拭。

↑借助旧袜子或手套握住每一条叶片，从左到右擦拭百叶帘，可以很有效的将擦拭百叶帘的工作量减半，而且也方便操作。

↑纱帘质地较细、轻柔，放入洗衣机中清洗时，可能会脱丝，建议先放入有洗涤剂的水中浸泡，然后再人工手洗。

6. 水晶窗帘

　　水晶窗帘是由一串串水晶珠组成的，拨动时声音清脆，样式美观，在清洗水晶窗帘时尽量不要用水洗或湿布擦拭清洁水晶，如果要清洁水晶窗帘可以用轻软而不含绒毛的干布料擦拭清洁水晶，擦拭时要注意不要太过用力。如果水晶窗帘比较脏，可以水洗，用普通的清洗液兑水之后将拆下来的水晶窗帘放置其中，用软毛刷或手清洗后，再用清水冲洗干净，拿出风干，待半干时用软毛巾擦拭干净即可。

↑清洗水晶窗帘的珠帘绑带时要轻拿轻放，最好在清洗盆中放置一块软布，以免水晶珠由于冲击力过大而碎裂。

↑当水晶窗帘表面起浮尘的时候，应该用吹拂的方式去除上面的灰尘，而不能用抚摸或外物擦拭。

7. 其他窗帘

　　需要注意的是棉织窗帘不能使用含有漂白剂成分的洗涤剂，一般浸泡时间也不能超过半小时，水温不能超过30℃；蚕丝、竹纤维、化纤类窗帘均不能用高温水浸泡，蚕丝、竹纤维类窗帘机洗时不能甩干；绒类面料制成的窗帘清洗后表面一定要记得不能熨烫，熨烫会损坏其内部纤维，影响其使用寿命。所有窗纱洗涤干净后可以用牛奶浸泡一小时，再洗净自然风干，浸泡后的窗纱颜色会更加鲜亮。

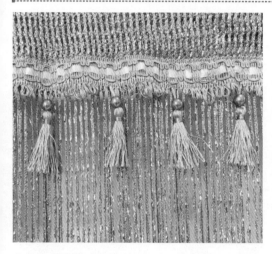

↑饰有花边样式的窗帘不适合用力清洗，并且最好也不要使用洗衣机清洗，花边窗帘在清洗前可用柔软的毛刷轻轻扫过，将其表面灰尘去除。

↑飘窗台面上饰有木板的，窗帘建议间接洗涤，在窗幔上喷洒过量的清水，用抹布擦干就可以了。

↑真丝、丝绵、大豆纤维制成的窗帘不能使用含有生物酶的洗涤剂，建议用丝毛洗涤剂，洗涤时加点醋可以增加窗帘的光泽。

↑羊毛、羊绒窗帘要注意避免长时间浸泡，同样不能使用含有生物酶的洗涤剂，其他洗涤剂也要谨慎使用。

↑化纤面料的窗帘清洗时比较省力省心，可以直接放入洗衣机中清洗，但要注意最好是常温洗涤，不能用高温水浸泡。

↑天蚕丝绣花窗帘建议干洗，如果是用机洗的话不能甩干，清洗后要在通风避光处晾干，不能将之放在太阳下暴晒，可以低温熨烫。

↑有凹凸感的罗马窗帘这一类面料同样建议干洗，水洗时少用含生物酶的洗涤剂长时间浸泡，建议用常温水洗涤，中温熨烫，用软毛刷刷洗。

↑竹质、木质帘一般已做过一层防潮处理，但仍然要预防潮湿的液体和气体，所以在清洁时切忌用水，一般用干布擦拭或用软毛刷轻刷清洁即可。

图解小贴士

　　窗帘采用多种面料编织而成，清洗后各种面料缩水程度自然会有所不同，长期的日晒，会导致窗帘起球、纱线凸起，在清洗干净后，要及时对窗帘进行手工拉伸还原，如果发现窗帘、纱线凸起，要沿着纱线纹理方向拉伸，建议从窗帘边缘向中心区域一段一段地拉伸，这样可以使纱线拉伸更加均匀。晾晒时，要顺着拉伸的方向晾晒，即让纱线纹理与地面垂直，避免凸起处还原，晾干后，要及时熨烫，保证窗帘的平整。

8.3 窗帘的保养

窗帘是否能够长期使用不仅在于购买的窗帘质量是否过关，后期的维护与保养也非常重要，不同的窗帘有不同的保养方法，下面主要介绍水晶窗帘的保养方法。

1. 安装位置

不要将水晶窗帘挂在阁楼或者地窖等比较恶劣的环境中，要避免强烈的阳光照射，否则会容易变色，影响色彩和美观。

2. 避免与油污接触

要注意碰触水晶窗帘前要保持手的洁净，不要让水晶珠沾上油脂污垢等，否则容易留下污渍，破坏水晶窗帘的外观。

3. 保持干燥

尽量避免水晶窗帘与水或者有腐蚀作用的液体接触，即使是在夏天，也要注意避免让水晶窗帘处于潮湿的环境中，进而保持水晶珠的干爽，不然会出现不好看的"花斑"。

4. 注意开合力度

因为水晶的质地比较脆，平时要注意防止重压、碰撞和高温，不要与硬物接触以免水晶珠被划伤。在平时掀拉窗帘的时候要控制力道大小，不要用力的拉扯窗帘，力度过大会容易造成窗帘上的水晶串链条断开。

5. 不要用清洁仪清洁

平时保养水晶窗帘上的人造水晶时不要轻易使用市面上出售的珠宝清洁剂或超声波清洁仪，以免造成褪色与氧化。

↑水晶窗帘可以做成有弧度的半水晶帘，美观又省事。

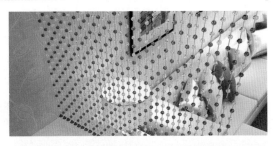

↑水晶窗帘还用于高低柜的上方，使用时要注意水晶帘高度要和高低柜相匹配，两者间要留有间距。

还有一些窗帘的洗涤常识是需要大家了解的。

1. 阅读清楚洗涤标志

在清洗窗帘之前要仔细阅读窗帘底侧或两边的洗涤标志说明，有一部分窗帘是不需要经常清洗的，这一点要注意，同时为了避免灰尘累积从而影响色彩的效果，布艺窗帘建议半年或者一年左右洗涤一次。

布料洗涤方法	
图标	洗涤方法
◯	该窗帘布料可干洗
Ⓟ	该窗帘布料可用各种干洗剂干洗
洗盆·	该窗帘布料可用冷水机洗
洗盆··	该窗帘布料可用温水机洗
洗盆···	该窗帘布料可用热水机洗
熨斗·	该窗帘布料可用低温熨烫100℃
熨斗··	该窗帘布料可用中温熨烫150℃
熨斗···	该窗帘布料可用高温熨烫200℃
▲	该窗帘布料不可用漂白
⊗	该窗帘布料不可转笼干燥
▢	该窗帘布料应该悬挂晾干
⊟	该窗帘布料应该平放晾干

2. 不要使用漂白剂

在清洗窗帘时一定不能使用漂白剂，漂白剂中含有的化学成分会破坏布料中的纤维，尽量不要脱水和烘干，建议清洗后让窗帘自然风干，以免破坏窗帘本身的质感，特殊材质的窗帘，建议由专业的干洗店干洗，以防窗帘变形。

3. 不要过度晾晒

晾晒窗帘时建议反面向外，让其自然悬挂晾干，避免让日光直射。日晒过久，会导致窗帘加快老化的速度，不利于长期使用。

4. 选择正确的洗涤方法

不同布料的窗帘有不同的洗涤方法，在清洗时最好能"对号入座"，这样才能保证窗帘不变形、不缩水，延长其使用寿命。

↑对于比较复杂的欧式窗帘，可以拆分帘头、帘身和窗幔来清洗，这样能够将窗帘清洗得更干净。

↑窗帘上面的配饰，例如水晶扣、丝绦、蕾丝、绣花、镂空、扣结以及绑带等建议还是经常清洗。

图解小贴士

在清洗窗帘时要注意特殊材质制作而成的窗帘的清洗，例如背胶窗帘、PVC材质的窗帘等，在清洗时一定要选择正确的洗涤方式，否则容易导致窗帘内部纤维被破坏，使用寿命大幅度缩短，得不偿失。

有些窗帘布料因材质特殊或者编织方式较特殊，最好还是送到专业的干洗店干洗，切勿水洗，以免布料损坏或变形。有些窗帘做有上盖式的造型，或窗帘上加有装饰品，如丝穗或吊穗等，最好也要干洗或手洗，不能机洗。

另外类似于玻璃纱这类质地比较薄的布料，不是很脏的话可以直接用温水和洗衣粉的溶液或者肥皂水洗两次就可以了。

参 考 文 献

[1] 柳檀. 流行家居布艺：窗帘布艺[M]. 广州：广东经济出版社，2006.

[2] （英）温迪·贝尔. 窗帘设计百科[M]. 南京：江苏凤凰科学技术出版社，2016.

[3] 皇家布艺. 新款窗帘精选[M]. 广州：广东人民出版社，2010.

[4] （挪）芬南吉尔（著），王西敏，毛杰森（译）. 布艺样的家节日家居布艺[M]. 郑州：河南科学技术出版社，2009.

[5] （英）卡任·克也茨，惹尼·伯（编著），何大明等（译）. 家居布艺大全[M]. 郑州：河南科学技术出版社，2002.

[6] 海英. 窗帘的款式与制作[M]. 南宁：广西科学技术出版社，2000.

[7] 李江军. 软装家具与布艺搭配[M]. 北京：中国电力出版社，2017.

[8] （英）希瑟·卢克（著），邓涛，曾向红（译）. 巧做窗帘[M]. 南宁：广西科学出版社，1999.

[9] 数码创意. 软装饰家窗帘[M]. 北京：中国电力出版社，2015.

[10] 上海服饰编辑部. 家居布艺制作[M]. 上海：上海科学技术出版社，2001.

[11] 杜玉铎，李秀英. 家居布艺[M]. 北京. 机械工业出版社，2010.

[12] （英）韦斯顿（著），吴纯（译）. 布艺陈列设计的100个亮点[M]. 北京：中国建筑工业出版社，2006.

[13] 日本靓丽社（著），洪洋（译）. 一学就会的混搭布艺[M]. 北京：中国纺织出版社，2011.

[14] 王巍. 雅致窗帘[M]. 长沙：湖南科技出版社，2011.

[15] 周辉. 家居细部：布艺照明[M]. 北京：中国人民大学出版社，2009.

[16] （德）伊拉莎白伯考. 软装布艺搭配手册[M]. 南京：江苏科学技术出版社，2014.

[17] （挪）托恩·芬南吉尔.TILDAS风靡北欧的居家布艺[M]. 郑州：河南科学技术出版社，2013.

[18] （英）希瑟·卢克（著），高铁铮（译）. 巧做窗帘[M]. 南宁：广西科学出版社，1999.